KATALOG

der

Deutschen Ingenieur-Ausstellung

auf der

Columbischen Weltausstellung

in

CHICAGO.

Springer-Verlag Berlin Heidelberg GmbH 1893

Additional material to this book can be downloaded from http://extras.springer.com

ISBN 978-3-662-33521-5   ISBN 978-3-662-33919-0 (eBook)
DOI 10.1007/978-3-662-33919-0

Vorwort.

Die Deutsche Ingenieur-Ausstellung auf der Weltausstellung in Chicago, welche auf Anregung aus Ingenieurkreisen mit Unterstützung des Reichskommissars ins Leben gerufen ist, soll den Interessenten und Sachverständigen, welche die Ausstellung besuchen, ein Bild der deutschen Ingenieurleistungen geben. Hierbei muss jedoch ausdrücklich hervorgehoben werden, dass sie bei Weitem nicht erschöpfend das darstellt, was Deutschland auf dem Gebiete des Ingenieurwesens geleistet hat und leistet. Die Kürze der Vorbereitungszeit, die grosse Entfernung, der Mangel jeden materiellen Interesses vieler Ingenieure, Behörden, Korporationen und Werkbesitzer an dieser Ausstellung, so wie manche andere besondere Umstände (z. B., dass das gesammte in Deutschland so hoch entwickelte Militair-Ingenieurwesen naturgemäss nicht ausgestellt werden kann) sind die Ursache, dass viele hervorragende Gegenstände der deutschen Ingenieurkunst nicht zur Ausstellung gelangt sind.

Sämmtliche ausgestellten Zeichnungen und Modelle stellen ausgeführte Werke dar; Projekte, welche nicht zur Ausführung gekommen sind, hat der unterzeichnete Ausschuss von der Ausstellung ausgeschlossen.

Dem Ausschuss ist es eine angenehme Pflicht, den Staats- und Kommunal-Behörden, Korporationen, Werkbesitzern und Ingenieuren für ihre werkthätige Hülfe und für die Bewilligung von Mitteln, insbesondere auch den Verfassern der „Einleitungen" zu den einzelnen Gebieten, seinen Dank abzustatten.

Etwa von Besuchern der Ausstellung gewünschte Auskunft über einzelne Ausstellungsgegenstände werden vom Vertreter der Deutschen Ingenieur-Ausstellung, Herrn Ingenieur J. S. Teucher (Bureau auf der Gallerie des Transportation Building), bereitwilligst ertheilt.

Berlin, den 1. Mai 1893.

Der Ausschuss
für die Deutsche Ingenieur - Ausstellung
auf der Weltausstellung in Chicago 1893.

A. Herzberg, Civilingenieur, Berlin, Vorsitzender,

Goering, Professor an der Technischen Hochschule, stellv. Vorsitzender,

Th. Peters, Direktor des Vereins deutscher Ingenieure, Berlin, Schriftführer,

Bassel, Eisenbahnbau- und Betriebsinspektor, Frankfurt a. M.,

Delisle, C., Maschineninspektor der badischen Staatsbahn, Karlsruhe,

Franzius, Oberbaudirektor, Bremen,

Haack, R., Civilingenieur, Berlin,

Havestadt, Regierungsbaumeister, Wilmersdorf-Berlin,

Henneberg, R., Kommerzienrath und Fabrikbesitzer, Berlin,

Hobrecht, J., Dr., Königl. Baurath und Stadtbaurath, Berlin,

Kampffmeyer, Th., Baumeister, Berlin,

Kümmel, W., Direktor der Gas- und Wassergesellschaft, Altona,

Landsberg, Th., Professor an der Technischen Hochschule, Darmstadt,

Lauter, W., Oberingenieur, Frankfurt a. M.,

v. Leibbrand, Regierungsdirektor und Landtagsabgeordneter, Stuttgart,
Macco, H., Civilingenieur, Siegen,
Meyer, F. Andreas, Oberingenieur, Hamburg,
v. Miller, Oscar, Civilingenieur, München,
Nehls, Wasserbaudirektor, Hamburg,
Oberbeck, Geh. Oberregierungsrath, Berlin,
Rieppel, A., Direktor der Maschinenbau-Aktien-Gesellschaft Nürnberg, Nürnberg,
Schmidt, A. F., Bergdirektor, Leipzig,
Stübben, J., Königl. Baurath und Stadtbaurath, Köln,
Volkmar, Kaiserlicher Regierungsrath, Strassburg i. E.,
Wiebe, Oberbaudirektor, Berlin,
Zimmermann, Dr., Geheimer Baurath, Berlin.

Katalog der Deutschen Ingenieur-Ausstellung auf der Columbischen Weltausstellung in Chicago,

redigirt von **Dr. B. Closterhalfen** und **M. Seyffert**.

Mitarbeiter:

Badeanstalten: **J. Stübben**, Königl. Baurath und Stadtbaurath, Köln.

Berliner städtische Bauanlagen: **Dr. J. Hobrecht**, Königl. Baurath und Stadtbaurath, Berlin.

Brückenbau s. Eisenkonstruktionen.

Eisenbahnbau: **A. Goering**, Professor an der Königl. Technischen Hochschule, Berlin.

Eisenkonstruktionen für Brücken- und Hochbau: **Th. Landsberg**, Professor an der Grossherzogl. Technischen Hochschule, Darmstadt.

Elektricitätswerke: **Oscar von Miller**, Ingenieur, München.

Gasbeleuchtung: **W. Kümmel**, Direktor der Gas- und Wassergesellschaft, Altona.

Hafenbauten s. Strom-, Kanal- und Hafenbauten.

Hebezeuge: **Ad. Ernst**, Professor an der Königl. Technischen Hochschule, Stuttgart.

Irrenanstalten s. Krankenhäuser und Irrenanstalten.

Kanalbauten s. Strom-, Kanal- und Hafenbauten.

Kanalisationswesen: **J. Stübben**, Königl. Baurath und Stadtbaurath, Köln.

Krankenhäuser und Irrenanstalten: **H. Schmieden,** Königl. Baurath, und **O. Kuhn,** Professor, Berlin.

Schiffbau: **R. Haack,** Civilingenieur, Berlin.

Stahlwerke: **R. M. Daelen,** Civilingenieur, Düsseldorf.

Strassenbahnen: **Havestadt,** Regierungsbaumeister, Wilmersdorf bei Berlin.

Strassenbau: **J. Stübben,** Königl. Baurath und Stadtbaurath, Köln.

Strom-, Kanal- und Hafenbauten: **Franzius,** Oberbaudirektor, Bremen.

Wasserversorgung: **W. Kümmel,** Direktor der Gas- und Wassergesellschaft, Altona.

Die nicht mit Namensunterschrift versehenen Artikel beruhen auf Berichten hervorragender Firmen der betreffenden Industriezweige und anderweitigen Mittheilungen sowie auf früheren Veröffentlichungen in der Zeitschrift des Vereines deutscher Ingenieure (ausgestellt unter No. 1713 des Kataloges der Ausstellung des Deutschen Reiches).

INHALT.

	Seite
Vorwort	III
Katalog der Deutschen Ingenieur-Ausstellung auf der Columbischen Weltausstellung in Chicago: Redaktion und Mitarbeiter	VI

Erster Theil.

Mittheilungen über den gegenwärtigen Stand des deutschen Ingenieurwesens.

	Seite
I. **Strassenbau in Städten.** Von J. Stübben	1
Bebauungspläne	3
Strassenverbesserungen und Strassendurchbrüche im Inneren der Städte	6
Strassenbefestigungen	9
II. **Eisenbahnbau. Strassen- und Drahtseilbahnen (Luftbahnen)**	13
Eisenbahnbau. Von A. Goering	15
Strassenbahnen. Von Havestadt	25
Drahtseilbahnen (Luftbahnen)	27
III. **Strom-, Kanal- und Hafenbauten; nebst Anhang: Bagger.**	29
Strom-, Kanal- und Hafenbauten. Von Oberbaudirektor Franzius	31
Strombauten	31
Kanalbauten	39
Hafenbauten	43
Bagger	49

		Seite
IV.	**Schiffbau.** Von R. Haack	53
V.	**Eisenkonstruktionen für Brücken- und Hochbau.** Von Th. Landsberg	61
VI.	**Industrielle Anlagen**	75
	Stahlwerke. Von R. M. Daelen	79
	Mechanische Aufbereitung	82
	Portlandcementfabriken	83
	Getreidemühlen	93
	Speicherbau	99
	Hebezeuge. Von Ad. Ernst	101
VII.	**Das Ingenieurwesen im Dienste der Wohlfahrts- und Gesundheitspflege**	109
	A. Beleuchtung	111
	Petroleumbeleuchtung	112
	Gasbeleuchtung. Von W. Kümmel	112
	Elektricitätswerke. Von O. v. Miller	116
	B. Heizung und Lüftung	123
	C. Wasserversorgung. Von W. Kümmel	127
	D. Kanalisationswesen. Von J. Stübben	132
	E. Oeffentliche Badeanstalten. Von J. Stübben	134
	F. Krankenhäuser und Irrenanstalten. Von H. Schmieden und O. Kuhn	136
	G. Schlachthäuser und Viehhöfe	149
	H. Markthallen	150

Anlagen.

Anlage A.:	Eiserne Brücken, Docks, Bahnhofshallen und andere Eisenkonstruktionen	152
Anlage B.:	Einige hervorragende neuere Bauanlagen der Stadt Berlin	176

Zweiter Theil.

Verzeichniss der Aussteller und ihrer Ausstellungs-
gegenstände nebst Angaben
über ihren technischen Betrieb
und einem Lageplan der Ausstellungsgebäude.

Tabellen.

	Seite
Angaben über die wichtigsten deutschen Flüsse	37
Angaben über die wichtigsten deutschen Häfen	44
Flusseisenwerke (Arbeiterzahl und Erzeugnisse)	81
Elektricitätswerke	120
Eiserne Brücken, Docks, Bahnhofshallen und andere Eisenkonstruktionen	152

ERSTER THEIL.

MITTHEILUNGEN ÜBER DEN GEGENWÄRTIGEN STAND DES DEUTSCHEN INGENIEURWESENS.

I.

STRASSENBAU.

I. Strassenbau in Städten.

a) Bebauungspläne. Der Entwurf von Stadt-Bebauungsplänen hat in Deutschland nur ausnahmsweise neue Städte oder Ortschaften zum Gegenstande, und zwar beschränken sich solche Neugründungen im Wesentlichen auf Arbeiterkolonien. Es sind dies Gruppen von Arbeiterwohnungen, welche von Arbeitgebern, von gemeinnützigen Gesellschaften oder von Genossenschaften in der Umgebung der Arbeitsstätte oder in der Nähe einer Stadt errichtet werden, wenn es entweder an Wohngelegenheit für die Arbeiter überhaupt mangelt oder wenn die vorhandenen Wohnungen zu schlecht und theuer sind. Die einzelnen Häuser pflegen an vorhandenen und neu angelegten Wegen sich mit oder ohne Zwischenräume an einander zu reihen; neue Wege werden fast stets als rechtwinkliges Netz hergestellt mit geringer Maschenweite, um die Grundstücke der einzelnen Häuser klein bemessen zu können. Als gemeinsame Anlagen pflegen eine Verwahrschule, ein Spielplatz, eine Konsumanstalt und dergl. möglichst in der Mitte der Ansiedelung errichtet zu werden.

Im übrigen aber beziehen sich die Entwürfe zu Bebauungsplänen stets auf die Vergrösserung bestehender Städte und Ortschaften. Die Einwohnerzahl der deutschen Städte wächst jährlich um fast 4 pCt durchschnittlich; bei einzelnen Städten stieg diese Zahl in dem Zeitraum von 1885 bis 1890 wesentlich höher, z. B. auf 5,07 in Mannheim, 5,52 in Darmstadt, 5,79 in Kiel, 6,79 in Pirmasens, 11,57 pCt in Charlottenburg. Die Durchschnittssteigerung für den genannten Zeitraum war für die Städte von über 50 000 Seelen 4,15 pCt, für die Städte von 20 000—50 000 Seelen 2,49 pCt. Im Ganzen betrug die Volksvermehrung in den 47 deutschen Städten von mehr als 50 000 Einwohnern während des vorgenannten fünfjährigen Zeitraumes 1 456 221, in den 103 deutschen Städten von 20 000—50 000 Einwohnern 359 376 Personen. Dies liefert, da nur ein geringer Theil des Volkszuwachses durch dichteren Ausbau der alten Stadttheile untergebracht wird, einen ungefähren Maassstab für die thatsächlich vor sich gehenden Stadtvergrösserungen. Nimmt man an, dass in 5 Jahren in den 150 deutschen Städten von mehr als 20 000 Einwohnern für 1 600 000 Personen neue städtische Wohnsitze durch Stadterweiterung haben beschafft werden müssen und dass wegen des verhältnissmässig lockeren Anbaues auf 1 ha nicht mehr als 200 Neubewohner zu rechnen sind, so ergiebt sich **der jährliche Bedarf an wirklicher Stadterweiterung bei den Gross- und Mittelstädten in Deutschland zu** $\frac{1\,600\,000}{5\,.\,200}$ gleich 1600 ha.

Der Bedarf an **Stadterweiterungsentwürfen** ist ein weit grösserer, da sie für eine längere Reihe von Jahren bestimmt sind.

Das Wachsthum der deutschen Städte beruht im Wesentlichen auf dem Aufschwung der Industrie und des öffentlichen Verkehrs. Es kommen dabei hauptsächlich die letzten vier Jahrzehnte in Betracht: eine mässig schnelle Entwickelung fand in den 1850er und 1860er Jahren statt, ein schneller Fortschritt dagegen in der ersten Hälfte des 1870er Jahrzehnts und im 1880er Jahrzehnt. Verhältnissmässig gering ist die Zahl **planmässiger** Stadterweiterungen in den zuerst genannten beiden Jahrzehnten; zumeist geschah der Weiterbau der Stadt planlos oder doch ohne durchdachten Plan an den vorhandenen äusseren Wegen. Bald stellten sich an sehr vielen Orten Missstände aller Art in Bezug auf Verkehr, Entwässerung, Beleuchtung u. s. w. in den neuen Stadttheilen ein; die Missstände wurden besonders empfindlich in Folge der schnellen Entwicklung nach 1870 und führten zum Erlass der Fluchtliniengesetze für Preussen im Jahre 1875 und für andere deutsche Staaten gleichzeitig oder wenig später.

Nach 1875 begann eine regsamere Thätigkeit vieler deutscher Städte im Entwerfen und Feststellen von Bebauungsplänen für das bereits im Anbau begriffene Gelände und von Stadterweiterungsplänen für das noch zu erschliessende Gelände. Viele andere Städte blieben auch jetzt immer noch zurück, bis sie die üblen Erfahrungen planloser Vergrösserung hinreichend durch eigene Erfahrung kennen gelernt hatten. Noch andere Städte überliessen die Ausbildung ihres Erweiterungsgebietes Privatpersonen und Privatgesellschaften, welche bei Verfolgung ihrer Interessen nicht im Stande waren, zugleich den öffentlichen Interessen gebührend gerecht zu werden. Im 1880er Jahrzehnt nahmen die Stadterweiterungsentwürfe, beeinflusst von den grossen Stadterweiterungen von Berlin, Magdeburg, Köln, Mainz, Strassburg u. a., eine immer allgemeinere Entwicklung. Gegenwärtig giebt es wohl wenige im Wachsthum begriffene deutsche Städte, welche nicht mit Entwerfen und Feststellen der Pläne für ansehnliche Erweiterungen beschäftigt wären.

Diese Pläne dürften sich der Regel nach auf den voraussichtlichen Anbau der nächsten 20 bis 30 Jahre erstrecken. Bei einem wirklichen Jahresbedarf von 1600 ha Stadterweiterungsgelände für alle deutschen Städte von über 20 000 Einwohnern kann hiernach das in jüngster Zeit für Bebauungspläne in Anspruch genommene Gelände auf rd. 25×1 600 gleich 40 000 ha geschätzt werden, eine Fläche, welche zum Wohnen von wenigstens 8 000 000 Menschen bestimmt ist!

Zu der gewaltigen Grösse dieser Aufgabe steht die auf ihre Lösung bisher verwendete technische Intelligenz kaum in dem richtigen Verhältniss. Die Arbeit lag und liegt heute noch vielfach in der Hand von Nichttechnikern oder von solchen Technikern, deren Ausbildung und Erfahrung für diese Aufgabe nicht hinreicht. Die Werke über Städtebau von R. Baumeister 1876, K. Sitte 1889 und J. Stübben 1890 haben indess so anregend auf die deutschen Techniker und Stadtverwaltungen gewirkt, dass eine entschiedene Wendung zum Besseren sich überall geltend macht.

Die Grundsätze einer guten Stadtanlage sind heute ziemlich allgemein anerkannt. Neben dem Streben nach Herstellung zweckmässig gestalteter Baustellen sind die Rücksichten auf den Verkehr, auf die Gesundheit und die Schönheit als gleichberechtigt in den Vordergrund getreten. Das nüchtere Rechteckschema wird mehr und mehr verlassen. Radialstrassen Ringlinien, Diagonalen sind die vorherrschenden Glieder des Strassensystems geworden, in welchem die Rechtecktheilung nur für die Nebenstrassen Geltung behält. Für die Höhenanordnung, die Entwässerung, die Baupolizeiordnung sind gesundheitliche Erwägungen entscheidend. Die Vertheilung und Stellung öffentlicher Gebäude, die Anordnung und Behandlung freier Plätze, die Ausbildung der Strassen nach Länge, Breite, Nivellement, Quertheilung, Bepflanzung und Ausschmückung — alles das sucht schönheitlichen und künstlerischen Gesichtspunkten Rechnung zu tragen. So darf man sagen, dass der deutsche Städtebau, die Aufstellung der deutschen Stadtbebauungspläne, zwar keineswegs auf dem erwünschten Standpunkte der Vollkommenheit angelangt, aber doch von einem allgemeinen Streben nach technischem und künstlerischem Fortschritt beseelt ist.

b) Strassenverbesserungen und Strassendurchbrüche im Inneren der Städte. Die Verkehrsvermehrung, herbeigeführt durch die Verbesserung der Verkehrsmittel und den gewerblichen Aufschwung einerseits und das Wachsthum der Städte andererseits, fand und findet in den alten Strassen der meist aus dem Mittelalter stammenden deutschen Städte an sehr vielen Punkten Hemmnisse. Sie bestehen einestheils in der Enge der Strassen und in deren ungünstigen Steigungsverhältnissen, andrentheils in den dem Fahrwesen nachtheiligen scharfen Krümmungen und Wendungen oder in dem Fehlen zweckmässiger durchgehender Strassenzüge überhaupt. Neben der Beeinträchtigung des Verkehrs tritt in manchen Altstädten die Gefährdung der öffentlichen Gesundheit hervor, wenn es in engen, krummen Strassen und Gassen sowie in beschränkten Hofräumen an Luft und Licht für die Bewohner mangelt. Deshalb ist in allen deutschen Städten die Thätigkeit der Verwaltungen und Ingenieure nicht bloss auf die Erweiterung der Stadt nach aussen, sondern auch auf Strassenverbesserungen und Strassendurchbrüche im Inneren gerichtet.

Die Strassenverbesserungen bestehen in der Erbreiterung, Begradigung und Steigungsermässigung alter Strassen. Die Erbreiterung wird in der Regel so vorgenommen, dass nach dem gesetzlich vorgeschriebenen Verfahren sogenannte Fluchtlinien festgesetzt werden, welche die rechtliche Kraft besitzen, dass nach Abbruch eines Hauses der Neubau in die Fluchtlinie zurücktreten muss (wofür der Eigenthümer entschädigt wird), dass aber auch, so lange das alte Haus besteht, seine über die Fluchtlinie hinaustretenden Theile nicht ausgebaut oder umgebaut werden dürfen. Diese letztere Beschränkung, für welche eine Entschädigung nicht gewährt wird, hat in vielen Fällen den Neubau, also das Zurücksetzen des Hauses in die Fluchtlinie zur Folge, obwohl die obwaltenden Bedürfnisse auch durch einen Umbau hätten befriedigt werden können, beschleunigt also die Strassenverbesserung. Immerhin aber pflegt die auf solche Weise zu er-

zielende allmähliche Erbreiterung eines Strassenzuges durch
Zurücktreten der Neubauten eine sehr lange Reihe von Jahren
zu beanspruchen. Bei dringenderem Bedürfniss sind rascher
wirkende Mittel anzuwenden. Die Gemeinde muss dann die
hinderlichen Gebäude nach ihrer Erwerbung bezw. Enteignung
niederlegen, und der Neubau darf nur in der festgesetzten
Fluchtlinie erfolgen.

Die Fluchtlinienfestsetzung hat nicht bloss die Erbreiterung, sondern oft auch die Begradigung der Strasse
zum Zweck. Nicht, als ob jede Krümmung und Unregelmässig-
keit zu beseitigen wäre! Mässige Krümmungen und gewisse
Unregelmässigkeiten sind nicht nur nicht nachtheilig, sondern
haben manche ästhetischen, künstlerischen Vorzüge. Aber
der Verkehr verlangt eine übersichtliche, wenn auch keine
geradlinige Bahn. Vortretende Baulichkeiten, gewundene oder
plötzlich umbiegende Strassenstrecken können so verkehrs-
hinderlich wirken, dass die Begradigung eine Nothwendigkeit
ist. Sie vollzieht sich, wie die Erbreiterung, entweder auf dem
langsamen Wege des allmählichen Einrückens der Neubauten
in die Fluchtlinie oder in dringlichen Fällen durch Erwerbung
und Niederlegung der hinderlichen Gebäude.

Für die oft nöthige oder erwünschte Steigungsermässigung gilt das nämliche Verfahren: Feststellung einer
neuen Höhenlinie der Strassenkrone, nach welcher die Neubauten sich einer nach dem anderen richten müssen, um später
die Strassenverbesserung leichter ausführen zu können; oder
sofortige Verbesserung der Höhenlinie unter entsprechendem
Umbau der berührten Gebäudetheile.

Während die vorgenannten Arten der Strassenverbesserung in den deutschen Altstädten in geringerem oder
grösserem Umfange beständig vor sich gehen, werden
Strassendurchbrüche, d. h. die Anlegung neuer Verkehrs-
strassen unter Durchbrechung der altstädtischen Bebauung,

aus finanziellen Gründen seltener ausgeführt. In einzelnen Fällen sind es Privatunternehmer, welche eine Gruppe von Grundstücken erwerben und mittelst Durchlegung einer Strasse eine bessere Ausnutzung der verbleibenden Grundflächen herbeiführen; in den meisten Fällen aber ist es die Gemeinde, welche zur Verbesserung des Verkehrs Strassendurchbrüche unternimmt. Dies würde häufiger geschehen, wenn die Gesetzgebung, wie in England, Belgien, Frankreich und Italien, das Vorgehen der Gemeinden durch die Einführung der Zonenenteignung finanziell erleichterte.[1]) Gegenwärtig kann die Gemeinde zwangsweise nur das zukünftige Strassenland enteignen, so dass der durch den Strassendurchbruch erzeugte Werthzuwachs den Eigenthümern der Restgrundstücke zufällt. Dennoch sind in jüngster Zeit namhafte Strassendurchbrüche zum Zwecke der Verkehrserleichterung ausgeführt worden in Dresden, Berlin, Magdeburg, Hannover, Köln, Frankfurt a. M. und an anderen Orten.

c) **Strassenbefestigungen.** Der Herstellung der Strassendecke wird in den deutschen Städten eine steigende Aufmerksamkeit zugewendet. Während bis in die Mitte der 1870er Jahre fast nur Steinpflaster und Macadam verwendet wurden, haben seither die sogenannten geräuschlosen Pflasterungen, nämlich Holz und Asphalt, eine immer grössere Verbreitung gefunden.

Macadam ist wegen der Schmutz- und Staubbildung und wegen der kostspieligen Unterhaltung aus dem Stadtinneren fast ganz beseitigt. Wegen der Wohlfeilheit der ersten Anlage wird indessen diese Strassenbefestigungart noch vielfach in äusseren Stadttheilen, wegen der Annehmlichkeit für Equipagen und Reiter häufig auch auf Promenadenstrassen der

---

[1]) Ein Gesetzentwurf über Zonenenteignung liegt gegenwärtig dem preussischen Landtag zur Berathung vor.

inneren Stadt beibehalten; im letzteren Falle wird der Strassendecke eine sehr sorgfältige Unterhaltung gewidmet.

Steinpflaster kommt in äusseren Stadttheilen und bei provisorischer erster Anlage noch als unregelmässiges Kopfsteinpflaster (Mosaikpflaster) zur Verwendung; weit überwiegend ist aber das Reihenpflaster. Die früher üblichen grossen Würfelformate der Pflastersteine werden wegen der entstehenden grossen Unebenheiten immer mehr verlassen, Steinformate von 10 bis 12 cm Breite und etwa der anderthalbfachen Länge und Breite sind am meisten beliebt. Mit dem Rang der Strassen wachsen die Ansprüche an die Güte des Materials und die Genauigkeit der Bearbeitung. Herstellung des Pflasterbettes durch eine starke Schotter- oder Kleinschlagschicht und Ausguss der Fugen mit einer Asphaltmischung sind viel angewendete Vervollkommnungen, um den guten Zustand der Strassendecke möglichst lange zu erhalten. Betonunterbettung für Steinpflaster hat den Nachtheil grosser Starrheit und starken Geräusches; die Anwendung pflegt deshalb auf seltenere Fälle beschränkt zu werden.

Wohl aber ist die Betonunterbettung, 15 bis 20 cm stark, allgemein in Anwendung für Holz- und Asphaltpflaster. Das letztere hat sich wegen seiner Reinlichkeit, Ebenheit, Dauerhaftigkeit und verhältnissmässigen Geräuschlosigkeit am besten bewährt und gewinnt daher in den letzten 15 Jahren einen immer grösseren Umfang im Inneren der Städte wie auf eleganten äusseren Strassen, besonders in Berlin, Leipzig und Dresden.

Das in der ersten Herstellung etwa gleich theure Holzpflaster ist weniger dauerhaft, in manchen Städten aber wegen der grösseren Geräuschlosigkeit und der grösseren Sicherheit für die Pferde beliebt. An den meisten Orten beschränkt sich die Holzpflasterung auf die Fälle, wo man die Geräuschlosigkeit verlangt, aber wegen zu starker Steigung oder aus anderen Gründen vom Asphalt absehen muss. Nachstehend folgt eine abgerundete Zusammenstellung der in den acht grössten deutschen Städten vorhandenen Asphalt- und Holzpflasterungen aus dem Jahre 1891:

	Asphaltstrassen qm	Holzstrassen qm
Berlin	836 000	69 000
Hamburg	12 000	13 000
Leipzig	80 000	500
München	5 000	5 000
Breslau	13 000	6 000
Köln	10 000	7 000
Dresden	31 000	1 500
Frankfurt a. M.	8 500	23 000

Zur Herstellung der überall neben den Fahrstrassen gebräuchlichen erhöhten **Fusswege (Bürgersteige)** ist Gussasphalt auf einer Betonschicht am beliebtesten. Ausserdem kommen besonders Granitplatten, Mosaikpflaster oder Reihenpflaster aus kleinen ebenflächigen Steinen, Stampfasphaltplatten, Cementplatten und Cementbeton zur Anwendung. Die Cementbeton-Trottoire pflegen sauber und gefällig auszusehen, aber infolge der Temperaturunterschiede zu reissen.

Auf der Ausstellung finden sich Modelle und Zeichnungen von Strassenquerschnitten unter No. 1669 und 1683 des Kataloges der Ausstellung des Deutschen Reiches (No. 2869 und 2888 des Kataloges der deutschen Ingenieur-Ausstellung).

J. Stübben.

II.

EISENBAHNBAU.
STRASSEN- UND DRAHTSEILBAHNEN
(LUFTBAHNEN).

II. Eisenbahnbau.
Strassen- und Drahtseilbahnen (Luftbahnen).

Eisenbahnbau.

Bei Beginn des Eisenbahnbaues waren in Deutschland die Verhältnisse einer raschen und zweckmässigen Ausbreitung des neuen Verkehrsmittels durchaus ungünstig. Die zahlreichen, fast ganz selbständigen Einzelstaaten, in welche Deutschland damals zerrissen war, schlossen sich möglichst gegen einander ab und pflegten in ihren engen Grenzen ein zum Theil ländliches Stillleben. Frühzeitige Anregungen — so durch die Oberbergräthe von Baader in Bayern (1814) und Henschel in Cassel (1822) sowie den späteren Generaldirektor von Amsberg in Braunschweig (1824) — blieben deshalb lange erfolglos. Nachhaltiger und erfolgreicher wurde der Ausbau eines sächsischen und eines allgemeinen deutschen Eisenbahnnetzes verfochten von dem Nationalökonomen Friedrich List, welcher nach längerem Aufenthalt in Nordamerika (Pennsylvanien) seit 1832 als amerikanischer Konsul in Leipzig lebhaft mit Wort und Schrift dafür eintrat. Der Thatkraft und Ausdauer Nürnberger Bürger und des Ingenieurs Paul von Denis war es zu danken, dass allen Schwierigkeiten und Anfeindungen zum Trotz die kleine Bahn Nürnberg-Fürth (6 km) als erste deutsche Eisenbahn mit Lokomotivbetrieb zur Ausführung gelangte und am 7. Dezember 1835 eröffnet wurde. Dann erst, zugleich gestützt auf die guten Erfolge in England erwärmte sich die öffentliche Meinung in Deutschland für die Anlage von Eisenbahnen. In Sachsen wurde die Leipzig-Dresdener

Bahn in Angriff genommen und deren erste Theilstrecke (10 km) 1837 in Betrieb gesetzt. Im Jahre 1838 wurden in Preussen die Linien Berlin-Potsdam und Düsseldorf-Erkrath (Richtung nach Elberfeld), ferner in Braunschweig als erste deutsche Staatsbahn die Strecke Braunschweig-Wolfenbüttel fertiggestellt. Bald folgten Theilstrecken der München-Augsburger, der Rheinischen und anderer Linien, sodass zu Ende 1840 rd. 580 km — ein auch für damals nur kleines Maass — in den jetzt zum Deutschen Reiche gehörigen Ländern fertig waren. Von da begann ein lebhafterer Aufschwung, namentlich veranlasst durch das Vorgehen der preussischen Staatsregierung. Diese beschloss nach voraufgegangenem Erlass eines mit weitem Blick durchdachten Eisenbahngesetzes (von 1838) im Jahre 1843 die Unternehmung von Bahnbauten durch Gewährleistung eines mässigen Zinsertrages ($3^1/_2$, auch 4 pCt) oder in andern Fällen durch Uebernahme von Aktien zu befördern, dabei aber sich zugleich als Gegenleistung einen weitgreifenden, später sehr folgenreich gewordenen Einfluss auf die Verwaltung solcher Bahnen zu sichern, so u. a. das Recht, unter gewissen Bedingungen den Betrieb einer Bahn selbst in die Hand zu nehmen. Erst im Jahre 1847 begann Preussen den Bau einer eigenen Staatsbahn (Saarbrücken).

Während so in Preussen und ähnlich auch in Sachsen, welches 1845 seine erste Staatsbahn Dresden-Bodenbach erbaute, das „gemischte System" bald zu einem grösseren Eisenbahnnetz führte, blieb in Braunschweig, Hannover (Beginn 1841), Baden (Beginn 1838 mit Mannheim-Heidelberg) und Württemberg (Beginn 1842) das Staatsbahnsystem allein in Ausübung oder doch ganz vorherrschend. — In Bayern nahm die Regierung zunächst die grösseren Bahnbauten selbst in die Hand. Später, im Jahre 1856, wurde die Bildung einer grossen Privatgesellschaft (Ostbahn) genehmigt und mit $4^1/_2$ pCt. Zinsgewähr ausgestattet, wogegen in den vorhergenannten

Ländern der Bau von Staatsbahnen und die Uebernahme von Privatbahnen in Staatsbetrieb stetig zunahmen. So wuchs der Besitz Deutschlands an Eisenbahnen bis 1850 auf rd. 6000 km, bis 1860 auf 11 600 km. Einen lebhaften Antrieb erhielt der Eisenbahnbau 1867 durch die Bildung des Norddeutschen Bundes und noch mehr 1871 durch die Neugründung des Deutschen Reiches. Das dringende Bedürfniss nach grösserer Einheitlichkeit im Bau und Betrieb durchgehender Eisenbahnlinien gelangte in der Bundes- und sodann in der Reichsverfassung zum Ausdruck (Art. 41 bis 47). Das Eisenbahnwesen wurde der Beaufsichtigung und Gesetzgebung des Reiches ausdrücklich unterworfen, wobei jedoch Bayern gewisse Sonderrechte sich vorbehielt. Bald auch trat das Bestreben in den Vordergrund, unter zweckmässiger Ausgestaltung des Eisenbahnnetzes in den Einzelstaaten zugleich die militärische Einheit Deutschlands durch strategisch wichtige Linien zu sichern. Hand in Hand damit ging eine lebhafte Strömung auf weitere Ausdehnung des Staatsbahnsystems, in der Erkenntniss der grossen wirthschaftlichen Nachtheile, welche der zunehmende Wettkampf zahlreicher Privatbahnen für die Nation mit sich brachte. Zwar suchten die Gesellschaften durch Vereinigung zu grösseren Gesammtnetzen und deren weiteren Ausbau sich zu stärken und so der drohenden Verstaatlichung zu entgehen, aber vergebens.

Nachdem der 1875 vom Fürsten Bismarck grossartig gedachte Plan einer Ueberleitung aller deutschen Bahnen in die Verwaltung des Reichs sich als unausführbar erwiesen hatte, gingen zunächst Bayern (1875) und Sachsen (1876) mit dem Ankauf ihrer Privatbahnen vor, und in Preussen wurde der grosse Plan der Verstaatlichung fast aller Privatbahnen dieses und der umschlossenen kleinen Länder durch das Gesetz vom 29. October 1879 eingeleitet und innerhalb der nächsten zehn Jahre beinahe vollständig durchgeführt. Zugleich wurden zahlreiche neue Bahnlinien theils aus strategischen, grossentheils aus wirthschaftlichen Gründen erbaut, darunter viele von mehr örtlicher Bedeutung (Nebenbahnen oder „Bahnen untergeordneter Bedeutung"), unter Mitbetheiligung der berührten Gemeinden, mindestens durch Bereitstellung des erforderlichen Baugeländes. Gegenwärtig bestehen grössere Privatverwaltungen von Hauptbahnen nur noch in der bayerischen Rheinpfalz, in Rheinhessen und in Ostpreussen, sodann in Mecklenburg, in Sachsen-Meiningen, in den preussischen Provinzen Hessen-Nassau und Westpreussen. Im Ganzen weist die Statistik am 1. April 1892 in Deutschland auf:

41 879 km Vollspurbahnen mit 72 332 km Gleislänge und
1 051 „ Schmalspurbahnen,

zusammen 42 930 km Eisenbahnen im öffentlichen Verkehr, ausserdem 2 488 „ Bahnen, welche nicht dem öffentlichen Verkehr dienen. Von den Vollspurbahnen sind rd. 12 700 km doppel- (oder mehr-) gleisig. Im Staatsbetriebe stehen 29 060 km Haupt- und 8 780 km Nebenbahnen, im Privatbetriebe nur rd. 2 400 km Haupt- und 1 570 km Nebenbahnen. Bei den unter Staatsverwaltung stehenden Linien befinden sich nur 209 km Haupt- und 154 km Nebenbahnen, welche nicht Staatseigenthum sind.

Bei einer Flächengrösse des Deutschen Reichs von 540 400 qkm mit 49,217 Millionen Einwohnern entfallen

7,9 km Bahn auf je 100 qkm, und
8,7 „ Bahn auf je 10 000 Einwohner; oder auch
1 „ Bahn auf je 12,66 qkm und 1 150 Einwohner.

Auf die vollspurigen Bahnen waren bis 1. April 1891 als Anlagekosten 10 456 Millionen Mark verwendet, oder 250 400 Mark auf 1 km. Die Betriebseinnahmen betrugen:

für 1 km Betriebslänge 31 300 M.,
auf 1 Nutzkilometer... 3,85 „

Die Betriebsausgaben beliefen sich entsprechend auf 19 300 und 2,37 M., der Ueberschuss war im Ganzen 500,7 Millionen Mark oder 12 200 M. auf 1 km Bahnlänge, 1,48 M. auf 1 Nutzkilometer; d. i. 4,86 pCt des Anlagekapitals (gegen 5,6 pCt im Vorjahr).

An Betriebsmitteln waren vorhanden: 14 188 Lokomotiven 26 399 Personen- und 288 034 Gepäck- und Güterwagen, das sind 34—64—686 auf je 100 km Betriebslänge. Geleistet wurden im Betriebsjahre 1890/91 338,34 Millionen Nutzkilometer oder 24 400 Nutzkilometer von je einer Lokomotive.

Gefahren wurden im Betriebsjahr 1890/91 11 224,4 Millionen Personenkilometer und 22 237,3 Millionen Gütertonnenkilometer oder je 274 300 und 535 500 auf je 1 Bahnkilometer. Die Einnahme betrug 3,08 Pfennig für 1 Personen- und 3,86 Pfennig für 1 Tonnenkilometer.

Beschäftigt waren in der Betriebsverwaltung 144 168 Beamte und 196 385 Arbeiter, in der Werkstättenverwaltung 3 312 Beamte und 55 817 Arbeiter.

Von den Reisenden wurden im genannten Betriebsjahre 46 getödtet und 236 verletzt; im Ganzen kamen demnach 0,03 Verletzungen oder Tödtungen auf je 1 000 000 gefahrene Personenkilometer.

Von den 1 051 km Schmalspurbahnen entfallen auf
> Preussen . . . . . . 294 km,
> Sachsen . . . . 250 „
> Elsass-Lothringen 164 „

Das gesammte darauf verwendete Anlagekapital betrug 54,203 Millionen oder 52 100 M. für 1 km. Der Ueberschuss belief sich auf nur 2,6 pCt der Anlagekosten.

Neuerdings (22. August 1892) ist in Preussen ein „Gesetz über Kleinbahnen und Privatanschlussbahnen" erlassen, welches derartigen Anlagen gegenüber den Haupt- und Nebenbahnen erhebliche Erleichterungen, namentlich auch in Betreff der sonst sehr weitgehenden Leistungen für die Reichspost zubilligt. Als Wirkung dieses Gesetzes wird eine rege Bauthätigkeit durch Privatgesellschaften erhofft.

In technischer Beziehung war für den Bau und Betrieb von besonderer Bedeutung die Bildung des „Vereins Deutscher Eisenbahnverwaltungen" im Jahre 1847. Dieser Verein, welcher sich bald über ganz Deutschland, Oesterreich und mehrere Nachbarländer ausdehnte, erliess „Technische Vereinbarungen über den Bau und die Betriebseinrichtungen der Eisenbahnen" (später „der Haupteisenbahnen"), welche in regelmässig wiederkehrenden Versammlungen der leitenden Eisenbahntechniker berathen und zeitgemäss weitergebildet werden und in Zwischenräumen von einigen Jahren in neuen Auflagen erscheinen (letzte Ausgabe vom 1. Januar 1889 mit Nachtrag vom 1. December 1890). Seit 1876 veröffentlichte derselbe Verein (zuletzt December 1890) ausserdem „Grundzüge für den Bau und die Betriebseinrichtungen der Nebeneisenbahnen" und ebenso „der Lokaleisenbahnen", jene mit einer grössten Geschwindigkeit von 40, diese von 30 km in der Stunde. Für die Lokalbahnen ist eine Spurweite von 1 m oder 750 mm neben der Vollspur von 1,435 m zugelassen. Diese Vorschriften des Vereins haben zum Theil unbedingt bindende Kraft, zum Theil nur als Regel dienende Bedeutung und erfreuen sich allgemeinen Ansehens. Der Verein umfasst gegenwärtig

			Bahnlänge
41 Deutsche	Verwaltungen mit		42 086 km
21 Oesterreichisch-Ungarische	„	„	26 850 „
4 Niederländische	„	„	2 704 „
1 Luxemburgische	„	„	161 „
3 Belgische	„	„	699 „
1 Rumänische (Staatsbahn)	„	„	2 381 „
1 Russisch-Polnische (Warschau-Wien)	„	„	494 „
1 Bosnische (Militärbahn)	„	„	104 „
zusammen 73 Verwaltungen mit			75 479 km

Bahnlänge, ausserdem noch etwa 136 km vollspurige Nebenbahnen.

Die Reichsregierung hat seit 1870 im Norddeutschen Bunde und seit 1878 (zuletzt 5. Juli 1892) auf Grund der Reichsverfassung für Deutschland bindende Vorschriften erlassen nämlich:

1. Normen für den Bau und die Ausrüstung der Haupteisenbahnen Deutschlands,
2. Betriebsordnung für die Haupteisenbahnen Deutschlands,
3. Signalordnung für die Eisenbahnen Deutschlands,
4. Bahnordnung für die Nebeneisenbahnen Deutschlands,
5. Befähigung von Eisenbahnbetriebsbeamten.

Die Ueberwachung der Durchführung dieser Bestimmungen liegt dem „Reichseisenbahnamte" ob, welches 1873 errichtet wurde. Diese Behörde führt ausserdem die Stastitik der deutschen Eisenbahnen, welche alljährlich in einem umfangreichen, musterhaft geordneten Bande veröffentlicht wird und sich allgemeiner Anerkennung erfreut.

Die bezeichneten Reichsvorschriften beschränken sich in kurzer Fassung auf das Nothwendigste und folgen in technischer Beziehung (also namentlich zu No. 1 bis 4) den bindenden Bestimmungen des Vereins Deutscher Eisenbahnverwaltungen.

Beim Bau und Betrieb der Eisenbahnen galt in Deutschland von jeher gediegene Ausführung und Betriebssicherheit als oberste Regel. Zugleich war Sparsamkeit, entsprechend den beschränkten Mitteln des Landes geboten. Jedoch wurde von vornherein viel Werth gelegt auf Bequemlichkeit und gefällige Erscheinung der Bahnhofsgebäude nebst Zubehör. Eiserne Breitfussschienen*) auf Holzquerschwellen in sorgfältig

---

*) Mit wenigen Ausnahmen; Stuhlschienen sind seit Jahrzehnten in Deutschland nicht mehr neu beschafft. Gegenwärtig bestehen noch 762 km Stuhlschienengleise. Versuche mit neuen, schwereren Stuhlschienen sind in Ausführung.

gehaltener Bettung, Abtrennung des Bahnkörpers vom Nachbargelände durch Gräben und Einfriedigungen, sichere Absperrung und Bewachung der Wegeübergänge, wohlgepflegte Böschungen, vorwiegend steinerne oder hölzerne Brücken, sauber gehaltene Stationen mit Gartenanlagen; schwere, langsam fahrende Güterzüge, Personen- und gemischte Züge mit mässiger Geschwindigkeit, wenige Schnellzüge: so etwa war das Gepräge der deutschen Eisenbahnen in deren ersten zwei Jahrzehnten. Mit der durch die Bahnen selbst geschaffenen Zunahme von Handel und Industrie, von Verkehr und Wohlstand stiegen die Anforderungen und die Leistungen der Bahnen. Die Holzbrücken wurden durch eiserne, die Eisenschienen durch Stahlschienen von immer zunehmender Tragfähigkeit ersetzt, und seit mehr als zwei Jahrzehnten gilt es als Regel, dass ausschliesslich Stahlschienen (Flussmaterial von 45 bis 55 kg/qmm Festigkeit) mit 30 bis 40 kg/m Gewicht zur Verwendung kommen und dass tragende Holzconstructionen unter der Bahn überhaupt nicht, darüber nur ausnahmsweise zulässig sind.

Viel Sorgfalt ist in Deutschland, namentlich in den letzten zwei Jahrzehnten, der Ausbildung und Erprobung des eisernen Oberbaues zugewendet worden. Zahlreiche verschiedene Anordnungen des Lang- und Querschwellenbaus sind ausgeführt. Während mit Langschwellen ein durchschlagender Erfolg bisher noch nicht erzielt wurde, haben die eisernen Querschwellen, zumal in neuester Zeit, nach Anwendung grösserer Längen und Gewichte und nach gründlicher Durchbildung der Schienenbefestigung gute Erfolge aufzuweisen und gewinnen eine lebhaft zunehmende Verbreitung. Gegenwärtig sind in Deutschland von 72 332 km Gesammtlänge aller Gleise 11 973 km mit eisernen Querschwellen und 5 937 km mit eisernen Langschwellen (zum Theil ohne Trennung von Schiene und Schwelle) hergestellt.

Gleichzeitig wurden in gesteigertem **Maasse** grosse

Eisenbrücken über Ströme und Thäler ausgeführt, deren Ueberschreitung früher thunlichst vermieden wurde; es erfolgte die Anlage von Verbindungsbahnen bei grösseren Städten, die Ausstattung zunächst der Personenzüge mit durchgehenden Bremsen, mit Sicherheitskupplungen, Wasserheizung, Gasbeleuchtung, Aborten u. s. f.; desgleichen die Einführung zahlreicher Schnellzüge. Die Bahnhofsanlagen, namentlich auch die Rangirbahnhöfe, erfuhren eine immer wachsende Ausdehnung und Ausstattung mit Gleisen, Gebäuden und allem Zubehör, so dass gegenwärtig die in Deutschland vorhandenen 7371 Stationen 17 672 km Nebengleise*) und 111 667 Weichen aufweisen, abgesehen von ausserdem noch bestehenden 1 305 Signalzwischenstationen.

Lebhafte Thätigkeit und grosse Mittel sind sodann namentlich im letzten Jahrzehnt aufgewendet worden für die allgemeine Durchführung von Stellwerken zur Sicherung der Weichen und Signale, für die Anlage von Blockstationen zur Durchführung des „Fahrens mit Stationsabstand", für die Herstellung von Güterbahnhöfen und grossartigen neuen gemeinsamen Personenbahnhöfen bei grossen Städten mit gleichzeitiger Hochlegung der Zugangsbahnen behufs schienenfreier Ueberschreitung aller Strassen und ebenso auch schienenfreien Zuganges der Reisenden zu den einzelnen Bahnsteigen. Als hervorragende Beispiele sind u. a. zu nennen die grossen Bahnhofsanlagen in München und Mainz (eröffnet 1884), in Strassburg 1883 (13,6 Millionen M.), Hannover 1882 (19,7), Bremen, 1889 (9,5), Halle 1890 (15), Düsseldorf 1891 (16,3), Erfurt im Bau (6,2) die im Bau begriffene Bahnhofs- und Stadtbahnanlage in Köln (32), sowie die 1882 vollendete Berliner Stadtbahn (68) und der 1887 eröffnete Centralbahnhof Frankfurt a. M. (35,4). Alle diese Beispiele gehören mit Ausnahme der drei zuerstgenannten zur Preussischen Staatsbahn. Nahe bevorstehend sind ferner

---
*) Nach Tabelle 6 der Statistik des Reichseisenbahnamts von 1891/92: gesammte Geleislänge 72 332 km, davon 41 879 km erstes, 12 692 km zweites und drittes Hauptgleis.

ähnliche grosse Bahnhofsbauten in Hamburg (Preussische Staatsbahn), in Leipzig und in Neuss, bereits in der Ausführung begriffen solche in Dresden. Der Preussische Staat allein hat seit 1891 für den Ausbau und die Ausstattung seines Eisenbahnnetzes im Ganzen über 934 Millionen Mark bewilligt.

Die Fahrgeschwindigkeit hat gleichfalls erheblich zugenommen. Die Betriebsordnung für die Haupteisenbahnen Deutschlands gestattet für Personenzüge mit durchgehender Bremse 80 km und unter besonders günstigen Verhältnissen 90 km als reine Geschwindigkeit in der Stunde, ohne durchgehende Bremse aber nur 60 km, desgl. für Güterzüge im Allgemeinen 45, ausnahmsweise bis 60 km. Die Güterzüge werden jedoch bisher durchgängig erheblich langsamer gefahren (15 bis 30 km). Die schnellsten Personenzüge zwischen Berlin und Köln (590 km) wie zwischen Berlin und Hamburg (286 km) erreichen streckenweise reine Fahrgeschwindigkeiten von 80 km und mehr. Die grösste Durchschnittsgeschwindigkeit beträgt bei Berlin-Köln mit Einschluss zahlreicher Aufenthalte zwischen Abfahrt und Ankunft 60,5 km in der Stunde, bei Berlin-Hamburg mit nur einem Aufenthaltspunkte etwa 79 km. — Die durchschnittliche Geschwindigkeit (einschliesslich Aufenthalt) aller Schnellzüge beträgt in Norddeutschland etwa 52, in Süddeutschland etwa 46 km. (Zum Vergleich mag bemerkt werden, dass die schnellsten Züge in England, diejenigen zwischen London und Edinburg diese 636, auf anderem Wege 645 km lange Strecke mit einigen Aufenthalten in 8½ Stunden, d. i. mit einer Durchschnittsgeschwindigkeit von 74,6 und 76 km in der Stunde durchfahren, wobei eine Mittagspause von 20 Minuten eingerechnet ist.)

Von Ausstellungsgegenständen seien erwähnt: No. 1618, 1632, 1642 und 1674 in der Deutschen Ingenieur-Ausstellung; ferner die Sammelausstellung der Königl. Preuss. Staatseisenbahnverwaltung und Gruppe 80 (Katalog der Ausst. des Deutschen Reiches S. 106 und 107). A. Goering.

Strassenbahnen.

Die Entwicklung der Strassenbahnen ist in Deutschland noch verhältnissmässig jung und grösstentheils dadurch zurückgehalten worden, dass der bei Benutzung von Einzel - Fuhrwerken (Droschken u. s. w.) bedingte Mehraufwand an menschlicher Arbeitskraft bei den hiesigen Löhnen bisher nicht erheblich ins Gewicht fiel, gleichzeitig auch die vergleichsweise gute Beschaffenheit der Fahrstrassen die Anlage von Spurbahnen nicht so dringend, wie beispielsweise in Amerika, erheischte.

Noch vor etwa 20 Jahren dienten Strassenbahnen fast ausschliesslich für einen Durchgangsverkehr zwischen entfernter belegenen Zielpunkten und weniger als Beförderungsmittel im inneren Stadtverkehr. Als erschwerender Umstand für die Anlage von Bahnen zu letzterem Zwecke traten die Bedenken der verkehrspolizeilichen Aufsichtsbehörden hinzu, welche in der Anlage von Strassenbahnen eine Beschränkung des übrigen Fuhrwerksverkehrs erblickten. Treffen letztere Bedenken auch gegenwärtig — wenigstens betreffs der mittelst thierischer Kraft betriebenen Bahnen — nicht mehr voll zu, so bestehen sie doch noch bezüglich der Anwendung von Dampf- und vielfach auch der elektrischen Betriebskraft. Insbesondere wird das amerikanische „Over head" - System aus ästhetischen Gründen für den inneren Stadtbetrieb in Deutschland recht ungünstig beurtheilt, und so finden sich hierfür Beispiele nur in sehr wenigen deutschen Städten (Bremen, Gera, Halle), während bereits vor fünfzehn Jahren durch Siemens & Halske eine gut funktionirende und noch heute in Betrieb befindliche elektrische Bahn in der Nähe Berlins (in dem Vororte Gross-Lichterfelde) zunächst ausschliesslich mit Kraftleitung durch die Schienen, seit kurzem streckenweise mit oberirdischer Leitung, hergestellt wurde. Die öffentliche Meinung erwartet erst von dem verbesserten Accumulatoren-System eine weitere Ausdehnung des elektrischen Strassenbahnbetriebes in Deutschland.

Dampfstrassenbahnen bestehen, von wenigen Ausnahmen abgesehen, nur im Aussenverkehr, bezw. im Verkehr grösserer Städte mit Vororten. Dahingegen sind in den meisten deutschen Städten, bis zu einer Einwohnerzahl von 30 000 herunter, inzwischen Pferdebahnen entstanden. In noch kleineren Städten Deutschlands gilt ein regelmässiger Pferdebahnbetrieb nur unter ganz besonderen Ausnahmeverhältnissen als ertragsfähig.

Einschliesslich einiger Bergbahnen, welche zu dieser Gruppe mitgezählt werden, bestehen in 87 deutschen Städten Strassenbahnen, von denen etwa 85 pCt ausschliesslich mittelst Pferde betrieben werden.

Entsprechend der im letzten Jahrzehnt eingetretenen lebhaften Entwickelung des Strassenbahnbaues, haben die früheren Oberbausysteme eine wesentliche Erweiterung erfahren. Gegenwärtig wird fast ausschliesslich stählerner Oberbau, unter jeglichem Ausschluss von Holz, und zwar mit Rücksicht auf die besseren Pflasteranschlüsse die Rillenschiene (eintheilige Phönix-Schiene) von der A.-G. Phönix in Laar bei Ruhrort und dem Hörder Verein in Hörde sowie die mehrtheilige von Haarmann-Osnabrück angewendet (Georgs-Marienhütte in Osnabrück).

Der Wagenbau ist gleichfalls ganz ausserordentlich vervollkommnet worden. Die von van der Zypen & Charlier in Köln-Deutz, Herbrand in Köln-Ehrenfeld, der Ludwigshafener, Görlitzer, Breslauer (Gebr. Hoffmann) sowie mehreren anderen Wagenbauanstalten hergestellten Strassenbahnwagen haben über die Grenzen Deutschlands hinaus, auch im Auslande, sich eine weite Verbreitung verschafft.

Ausstellungsgegenstände finden sich in den Gruppen 80 und 81 (Katalog der Ausst. des Deutschen Reiches S. 107).

Havestadt.

Drahtseilbahnen (Luftbahnen).

Die Beförderung grösserer Massen mittelst Drahtseilbahnen ist unter allen Ländern der Erde am weitesten in Deutschland ausgebildet und durch deutsche Firmen im Auslande verbreitet worden. Diese Beförderungsart empfiehlt sich vorwiegend für Massentransporte jeder Art auf kurze Entfernung. Der wirthschaftliche Nutzen steigt mit der Grösse der zu befördernden Massen. Die Leistungsfähigkeit steigt je nach dem Einzelgewicht des Transportes bis zu 1000 t in 10 Arbeitsstunden. Das Einzelgewicht kann von einem beliebigen Mindestgewicht anfangen und bis zu 800 kg für die Ladung betragen. Die Entfernungen, auf welche Seilbahnen nützlich ausgeführt werden können, fangen bei 200—300 m an und steigen bis zu einer beliebigen Grösse, deren Grenze nur von wirthschaftlichen Erwägungen abhängig ist. Es sind Seilbahnen von 30 bis 40 km Länge ausgeführt worden.

Die hauptsächlichsten Firmen, welche Seilbahnen ausführen, sind:

1. Ad. Bleichert & Co. zu Leipzig-Gohlis.

Der Inhaber, Herr Ad. Bleichert zu Leipzig-Gohlis, war der Mitinhaber der ehemaligen Firma Bleichert & Otto zu Schkeuditz. Die Firma hat in den letzten 5 Jahren 285 Anlagen in einer Länge von 304 km, im ganzen bis jetzt 660 Anlagen in einer Länge von über 800 km ausgeführt. Sie besitzt eine eigene Fabrik zu Leipzig-Gohlis und lässt daselbst alle Theile der Anlage mit Ausnahme der Seile als Specialität anfertigen. Die Firma ist in der Lage, jährlich rd. 75 grössere Anlagen in einer Länge von rd. 100 km auszuführen. Die Lieferungen gehen nach allen Theilen der Erde.

2. J. Pohlig, Köln.

Die Firma hat die Rechte des Herrn Otto, Mitinhabers der ehemaligen Firma Bleichert & Otto, übernommen und führt Seilbahnen nach dessen System aus, das sich von dem der Firma Ad. Bleichert & Co. in Leipzig-Gohlis im Wesentlichen nur durch Einzelkonstruktionen unterscheidet. Es sind bis jetzt von dieser Firma rd. 500 Anlagen in Deutschland und in allen Theilen der Erde ausgeführt worden. Im letzten Jahre waren in Ausführung: 33 Bahnen von zusammen rd. 65 km Länge.

Zeichnungen und Photographien ausgeführter Drahtseilbahnen sind unter No. 1614 und 1686 des Katalogs der Ausstellung des Deutschen Reiches ausgestellt, eine betriebsfähige Bahn in Gruppe 81 unter No. 1784, gleichfalls im Transportgebäude.

III.

STROM-, KANAL- UND HAFENBAUTEN; NEBST ANHANG: BAGGER.

III. Strom-, Kanal- und Hafenbauten; nebst Anhang: Bagger.

1. Strombauten.

Regulirung. Die Regulirung der schiffbaren deutschen Flüsse hat zum Theil schon im vorigen Jahrhundert, an vereinzelten Stellen sogar schon früher begonnen, wurde jedoch erst seit Anfang des dritten Jahrzehnts dieses Jahrhunderts mit Nachdruck betrieben. Sie wurde fast ausschliesslich durch die betreffenden Staatsregierungen ausgeführt und hat fast stets in erster Linie den Zweck, die Schiffbarkeit zu ermöglichen oder zu verbessern. Nebenbei hat jedoch diese Regulirung das allgemeine Wohl und speziell das der Landwirthschaft sehr gefördert, indem der regelrechtere Lauf jedes Flusses die schädlichen Ueberschwemmungen vermindert, den Besitz der Ufergrundstücke gesichert und die Meliorationen der ganzen Flussthäler erleichtert hat.

Die Regulirung der Flüsse ist bis jetzt fast überall in der Weise erfolgt, dass das eigentliche in dem Flussthal eingeschnittene Flussbett durch eingebaute Werke in seinen Ufern festgelegt und ausserdem in der Regel für den mittleren Wasserstand auf eine normale Breite gebracht worden ist. Da die natürlichen Ufer der Flussbetten meistens schon einen das Mittelwasser wesentlich übersteigenden Hochwasserstand einfassen, so ist zwischen diesen beiden Wasserständen der Fluss durch diese Einbauten in bestimmte Grenzen gebannt und mehr oder weniger gut regulirt, und zwar um so besser, je gleichmässiger die Profilgrösse von dem mittleren Wasserstande bis zu dem sogenannten bordvollen Stande zunimmt.

Unter dem mittleren und über dem bordvollen Stande sind jedoch bis jetzt die meisten deutschen Flüsse nur mangelhaft und zum Theil gar nicht regulirt.

Ersteres hat vorzugsweise darin seinen Grund, dass zur Zeit kaum die Mittelwasser-Regulirung beendet werden konnte, und diese als der wichtigste Theil der ganzen Regulirung vorangehen musste. Letzteres findet grossentheils, und namentlich in Preussen, seine Erklärung darin, dass das Deichbauwesen und die sonstigen Meliorationen des Landes von einem anderen Ministerium abhängen wie die zum Ministerium der öffentlichen Arbeiten gehörenden Regulirungen der eigentlichen Flussläufe. Es erübrigt daher noch für die meisten deutschen Flüsse eine Regulirung des Bettes unter dem Mittelwasser, und zwar namentlich des Niedrigwasser-Bettes, um auch bei kleinstem Wasser den Schiffen den grösstmöglichen Tiefgang zu gewähren. Dieses Ziel scheint am besten dadurch erreichbar, soweit nicht etwa zu einer völligen Kanalisirung geschritten wird, dass das Niedrigwasser-Bett in der Sohle des Flusses durch fast ununterbrochene Leitdämme von sehr geringer Höhe eingefasst wird, um das Serpentiniren des Niedrigwassers zu verhindern und eine zusammenhängende tiefere Rinne auszubilden. Andererseits ist es nothwendig, dass auch alle wirksamen Unregelmässigkeiten in der Abführung des grössten Hochwassers beseitigt werden, um die Gefahren des letzteren thunlichst zu verkleinern. Hierzu gehört vor Allem eine sich auf Gesetz stützende Befreiung des nothwendigen Hochwasser-Profiles von der Bebauung mit Häusern, von Wald und Gebüsch, sowie von Unebenheiten und vorspringenden Deichstrecken.

Abgesehen von diesen noch zu beseitigenden Unvollkommenheiten darf die Regulirung der deutschen Flüsse als eine gelungene Leistung bezeichnet werden. Es ist nicht allein die Schiffbarkeit in hohem Grade gesteigert, sondern auch die thunlichst unschädliche Abführung der grössten Wassermengen und des Eises, sowie auch die gewöhnliche Abwässerung der Uferländereien erleichtert und verbessert. Wenn noch auf verschiedenen Gebieten über Mängel der Regulirungen Klage geführt wird, so ist diese fast überall nur in geringem Grade und nur soweit berechtigt, als jene schliesslichen Ziele noch nicht haben erreicht werden können.

Das Regulirungsverfahren ist im Allgemeinen das gleiche und besteht vorzugsweise in Anlegung von inklinanten Buhnen, welche vom natürlichen Ufer bis zu der durch die Köpfe der benachbarten Buhnen bestimmten Linie reichen. Indem diese Linie zugleich die ideelle Grenze des gewöhnlichen oder mittleren Wassers ist, dieses aber wesentlich niedriger als das durchschnittliche Ufer liegt, so steigen die Buhnen landwärts allmählich an, bleiben jedoch stets merklich unter der Höhe des Ufers.

Da nun diese Buhnen das kleine Wasser nur unvollkommen einschliessen und leiten und in Folge dessen an einzelnen Stellen, namentlich am konkaven Ufer, oft übermässige Tiefen vorhanden sind, so werden zur Ausgleichung der Tiefen im Anschluss an die Köpfe der Buhnen sogenannte Grundschwellen angelegt. Es sind dies verhältnissmässig schwache Dämme, welche die übergrossen Tiefen quer verbauen und zur entsprechenden Aufhöhung bringen sollen. Um die Tiefe mehr von dem Buhnenkopf nach der Mitte des Flussbettes hinzudrängen, werden die Grundschwellen oft mit einer Neigung dorthin angelegt. In einzelnen Fällen werden die Grundschwellen auch als Einleitung zu einem demnächstigen Buhnenbau ausgeführt, um die Sohle zuvor ebener zu gestalten.

Im Gegensatz zu den Buhnen werden Parallelwerke angelegt, namentlich dann, wenn diese nur wenig vor dem alten Ufer vortreten, wenn die Tiefen verhältnissmässig gering sind und wenn das Flussbett aus gröberem Geschiebe besteht.

In diesen Fällen würden die kurzen Buhnen nur unvollkommen verlanden und für die Schiffahrt weniger günstig sein als die Parallelwerke. Man hat deshalb an einzelnen Flüssen, insbesondere der Memel, an gewissen Strecken Buhnen mit Parallelwerken zweckmässig abwechseln lassen. An einigen Flüssen, namentlich der sächsischen Elbstrecke und dem Oberrhein, sind ausschliesslich Parallelwerke angewandt. Da diese aber, wenn sie der Höhe und Entfernung nach für Mittelwasser angelegt sind, ebenso wenig wie Buhnen das Bett für Niedrigwasser festlegen können, so sind vor ihnen schon an einzelnen Stellen Grundschwellen zur Verbesserung des Niedrigwasser-Bettes ausgeführt.

Die Herstellung aller dieser Regulirungswerke sowie der vereinzelt zur Abschneidung von Nebenarmen angewandten **Sperrdämme** erfolgt je nach der Oertlichkeit vorzugsweise aus Faschinen oder aus Steinen. Der **Faschinenbau** herrscht in allen unteren Flussläufen vor, wo die Steine verhältnissmässig theuer sind, während in oberen bergigen oder den Bergen benachbarten Gegenden der **Steinbau** vorgezogen wird.

Kanalisirung. Nachdem die nothwendigsten und umfangreichsten Arbeiten an den grossen Flüssen, die von Natur schiffbar sind oder ohne unverhältnissmässige Ausgaben durch Regulirung schiffbar gemacht werden konnten, ausgeführt waren, wandte sich das Interesse der Staatsregierungen in erhöhtem Maasse auch den kleineren Flüssen zu, deren Wassermenge für eine erfolgreiche Regulirung nicht ausreichte und bei denen daher zur **Kanalisirung** geschritten werden musste.

Schon früh waren in einigen deutschen Flüssen feste Wehre angelegt, die einen Aufstau des Wassers im Interesse der Landwirthschaft, zur Gewinnung von Betriebskraft oder auch zur Verbesserung der Schiffbarkeit der Flüsse bezweckten.

Von grösseren zur Verbesserung der Schiffbarkeit mit

beweglichen Wehren ausgeführten Flusskanalisirungen ist die in den sechziger Jahren ausgeführte Kanalisirung der Saar die älteste. Dieser Fluss war in Folge seines tief eingeschnittenen Flussbettes für eine Kanalisirung sehr geeignet, da die Hebung des Wasserspiegels keine besonderen Eindeichungen erforderlich machte und der Landwirthschaft nur Nutzen bringen konnte. Unter zum Theil auch weniger günstigen Verhältnissen wurde seither eine grössere Anzahl von Flüssen kanalisirt. Namentlich sind hier die Brahe, die Spree und der Main zu nennen. Zur Zeit in Ausführung begriffen ist die Kanalisirung der oberen Oder, der Fulda bis Kassel und der Ems von der Hasemündung bis Papenburg, während für zahlreiche weitere Flüsse Projekte vorliegen. Von diesen Projekten ist das für die Kanalisirung der Mosel von besonderer wirthschaftlicher Bedeutung.

Als Wehre kamen meist Nadelwehre zur Anwendung deren Nadeln sich gegen eine von umlegbaren Böcken getragene Brücke stützen, sodass nach Ausserdienstsetzung des Wehres der ganze Flusslauf frei ist.

Der Erfolg der ausgeführten Flusskanalisirungen hat den Erwartungen in vollem Maasse entsprochen. Die grossen Vorteile von Kanalisirungen gegenüber den Regulirungen, dass sich nämlich das zu erzielende Resultat mit grosser Genauigkeit vorausbestimmen lässt und nach Fertigstellung der Kunstbauten sogleich der endgültige Zustand der Wasserstrasse erreicht ist, sind zum deutlichen Ausdruck gekommen besonders auffallend beim Main, der, in einer Bauzeit von drei Jahren der grossen Rheinschiffahrt erschlossen, in den folgenden vier Jahren eine hundertfache Verkehrszunahme zeigte.

Korrektion der Flussmündungen. Die auf deutschem Gebiete mündenden Flüsse kann man betreffs ihrer Mündung in zwei Gruppen theilen, in solche, welche sich in die Ostsee, und solche, welche sich in die Nordsee ergiessen.

Da die Ostsee keine wirksamen Gezeiten hat, neigen die in ihr mündenden grösseren Flüsse zur Deltabildung.

Ein ausgesprochenes Delta bilden die Memel und die Weichsel, während auch die Oder die Anlage zur Deltabildung zeigt, wenn sie auch in Folge der Ausbildung von grossen Binnenseeen nicht so klar zum Ausdruck kommt. Mit Ausnahme des Hauptarmes der Weichsel haben die drei genannten Ströme sowie einige kleinere Flüsse die Eigenthümlichkeit, dass sie sich nicht direkt in die Ostsee, sondern in Binnenseeen, die sogenannten Haffe, ergiessen, die mit der Ostsee durch schmale Kanäle, die eigentlichen Flussmündungen, in Verbindung stehen. Diese Seebecken sind für die Offenhaltung jener Mündungen in die Ostsee, der Seetiefe, von grosser Bedeutung, da sich die Sinkstoffe der Flüsse in ihnen ablagern und sie ausserdem als grosse Spülbassins dienen. Bei bedeutenderen Unterschieden zwischen den Wasserständen in den Haffen und der Ostsee, wie sie zur Zeit des Hochwassers der Flüsse und bei Sturm eintreten, entwickelt sich nämlich in den Seetiefen eine lebhafte Wasserbewegung, die ihre Versandung verhindert. In der Swine, dem Hauptmündungskanale der Oder, steigt die Wassergeschwindigkeit des ausgehenden sowie auch des einlaufenden Stromes zuweilen auf 2,40 m in der Sekunde.

Um die lebendige Kraft des Wassers auch vor den eigentlichen Seetiefen, wo die Küstenströmung die dauernde Erhaltung einer Fahrrinne erschwert, zur vollen Ausnutzung zu bringen, wurden die Seetiefen durch 300 bis 800 m entfernte Molen ausgebaut, die den aus- und einlaufenden Strom zusammenhalten und leiten.

Zur Schiffbarmachung einzelner Flussarme der Deltas bei ihrem Eintritte in die Haffe wurden ebenfalls Molen erbaut; doch sind zur Erhaltung der erforderlichen Wassertiefen meist periodisch sich wiederholende Baggerungen nicht

Angaben über die wichtigsten deutschen Flüsse.

Name des Flusses.	Memel.	Weichsel.	Oder.	Elbe.	Weser.	Rhein.
Art der Mündung	Delta	Delta	Delta	Fluthtricht.	Fluthtricht.	Delta
Mündung	Kurisches Haff	Danz. Bucht Frisch Haff	Stettiner Haff	Nordsee	Nordsee	Nordsee
Name des Seegebietes	Ostsee	Ostsee	Ostsee	Nordsee	Nordsee	Nordsee
Gesammtlänge . . . . . km	877	1125	944	1154	705	1 162
Länge in Deutschland . . . . „	112	232	816	728	705	694
Gesammtstromgebiet . . . qkm	112 000	198 285	119 337	146 500	48 000	224 400
Stromgebiet in Deutschland „	3 500	33 326	—	95 234	48 000	132 590
Stärkstes Gefälle in Deutschland	1 : 6 700	1 : 3 000	1 : 1 524	—	1 : 2 096	1 : 500
Schwächst. Gefälle in Deutschl.	1 : 18 200	1 : 18 800	1 : 103 000	1 : 17 048	1 : 7 693	1 : 100 000
Gemittelt. Gefälle in Deutschl. .	1 : 10 230	1 : 6 030	1 : 3 960	1 : 5 900	1 : 3 790	1 : 2 950
Grösste Wassermenge i. d. Sekunde . . . . . . cbm	6 097	8250	4 510	rot. 8000	4150	9 000
Grösste Tragkraft der Flussschiffe . . . . t	225	300	400	800	600	1 400
Grenze der Seeschiffahrt	Russ	Danzig	Schwedt	Hamburg	Bremen	Köln
Korrektionswerke auf deutsch. Gebiet eingebr. bis z. Jahre	1888	1888	—	1888	—	1 888
1. Buhnen . . . . Stück	1875	1200	—	6103	—	1 852
2. Deckwerke . . . . m	18 826	—	—	39 465	—	355 409
3. Parallelwerke in m . . . . „	2147	7000	—		—	22 637
Ausgaben für die Regulirung M. während der Jahre	9 899 170	10 376 196	40 942 515	44 442 113	61 878 826	156 029 687
	1853 bis 1887	1884 bis 1888	1816 bis 1888	1859 bis 1888	1874 bis 1892	1831 bis 1887

zu vermeiden. In einigen Fällen wurden auch Coupirungen von Flussarmen und Verlegungen von Flussmündungen ausgeführt.

Ein wesentlich verschiedenes Bild zeigen die auf deutschem Gebiete in die Nordsee mündenden Ströme: die Elbe, die Weser und die Ems.

Diese Flüsse zeigen sämmtlich einen sich nach der Mündung hin stark verbreiternden einheitlichen Fluthtrichter, der bei allen diesen Flüssen eine nordwestliche Richtung hat. In Folge des zur Zeit der Fluth in sie eindringenden Fluthwassers entsteht bei diesen Flüssen zur Zeit der Ebbe, bei der die um das aufgestaute Flusswasser vermehrte, eingedrungene Wassermenge wieder austritt, eine so bedeutende Ebbeströmung, dass die Sinkstoffe des Flusses von ihr mitgeführt und erst in der See allmählich abgelagert werden.

Das Anwachsen des bei Helgoland 1,84 m betragenden Fluthintervalles an der ganzen deutschen Nordseeküste, namentlich in den trichterförmigen Flussmündungen, wo es in der Elbe eine Höhe von 3,10 m, in der Weser sogar von 3,30 m erreicht, wirkt hierbei sehr vortheilhaft mit, so dass die genannten Flüsse sich alle mit einer der Seeschiffahrt genügenden Wassertiefe in die Nordsee ergiessen.

Das Maass der Brauchbarkeit dieser Flüsse für die Seeschiffahrt im Unterlauf wächst mit der Grösse der Flüsse, theils wegen der grösseren Oberwassermasse, in der Hauptsache aber wegen der durch diese bedingte Zunahme der Grösse und der Gestrecktheit des Flussbettes, die eine Vermehrung des eindringenden Fluthwassers bedingen.

So ist die Elbe von Natur in ihrem ganzen Unterlaufe bis Hamburg für grosse Seeschiffe zugänglich, die Weser wird durch den eingreifenden Ausbau eines einheitlichen Flussschlauches bis Bremen der mittleren Seeschiffahrt künstlich erschlossen, während die Ems nach dem durch Buhnen erfolgten Ausbau eines Theiles ihres Bettes bis Papenburg der kleineren Seefahrt dienstlich ist.

Umfangreiche Korrektionsbauten im Fluthgebiete wurden seither in Deutschland nur bei der Weser ausgeführt. Sie begannen im Jahre 1887 und sind im Wesentlichen bereits beendet. Der Zweck der Arbeiten ist es, die Stadt Bremen jederzeit Schiffen von 6 m Tiefe zugänglich zu machen.

Zu dem Zwecke wurde dem stark verwilderten Flusse ein einheitliches Bett gegeben, das sich nach der See hin allmählich verbreitet und eine leichte Bewegung der Fluthwelle gestattet. Die ausgeführten Arbeiten bestehen im Wesentlichen im Bau von Leitwerken aus Faschinenpackwerk und in ausgedehnten Baggerungen. Die Gesammtkosten der Unterweserkorrektionen sind auf 30 Millionen Mark veranschlagt.

Modelle, Pläne, Zeichnungen, Photographieen und Druckwerke über ausgeführte Strombauten u. s. w. sind unter No. 1655, 1658, 1669 und 1702 des Kataloges der Ausstellung des Deutschen Reiches vorgeführt.

Einige Angaben über die wichtigsten deutschen Ströme sind in der beigefügten Tabelle zusammengestellt. Die Donau, die nur mit ihrem Oberlaufe in Deutschland liegt und daher mit den anderen Strömen nicht wohl verglichen werden kann, ist in die Tabelle nicht aufgenommen.

2. *Kanalbauten.*

Binnenkanäle. An künstlichen Wasserstrassen ist Deutschland nicht sehr reich. Der Umstand, dass das deutsche Kanalnetz zur Zeit noch nicht die Geschlossenheit hat wie dasjenige anderer Länder, hat seinen Grund wohl zum Theil in dem grossen Reichthum an natürlichen Wasserstrassen, deren Ausbau, als die Meinung, dass die Eisenbahnen die Wasserstrassen unnöthig machen würden, allmählich schwand, naturgemäss zuerst in Angriff genommen wurde.

Zur Zeit ist das deutsche Eisenbahnnetz in der Hauptsache fertig gestellt. Das dadurch zum Theil frei werdende Kapital gestattet es, auf die Wasserstrassen grössere Mittel zu verwenden, sodass neben der Vollendung des Ausbaues der grösseren Ströme und der Schiffbarmachung der kleineren auch die Ausdehnung des Kanalnetzes energisch betrieben werden kann. So herrscht zur Zeit in Deutschland auf dem Gebiete des Kanalbaues eine rege Thätigkeit, die ihren Höhepunkt wohl noch nicht erreicht hat, da zahlreiche grosse Projekte der baldigen Verwirklichung nahe gerückt zu sein scheinen. Vor allem ist dies in Bezug auf den **Rhein-Weser-Elbe-Kanal** anzunehmen, der ein ausserordentlich wichtiges Bindeglied zwischen den deutschen Wasserstrassen bilden wird.

Von dem späten Beginn der Anlage eines grösseren Kanalnetzes hat Deutschland den Vortheil gehabt, dass es sich die Erfahrungen anderer Länder zu Nutze machen konnte.

Die neueren deutschen Kanäle sind meist für Schiffe von grossen Abmessungen angelegt worden, wie sie auf den zugehörigen Flüssen verkehren, während ein einheitliches Kanalschiff nicht vorhanden ist. Dementsprechend ist die Leistungsfähigkeit einiger Kanäle sehr bedeutend.

Die Ausführung der Kanäle und ihrer Kunstbauten ist durchweg eine gediegene, sodass sich die Unterhaltungskosten niedrig stellen. In letzter Zeit sind zahlreiche **Uferbefestigungen** bei bestehenden Kanälen ausgeführt worden, die es ermöglichten, die **Dampfschiffahrt** auf ihnen freizugeben, wodurch, bei der gleichzeitigen Ertheilung des Vorfahrt- und Vorschleusrechtes an Dampfschiffe und deren Anhang, eine bedeutend grössere Schnelligkeit und Regelmässigkeit des Verkehrs erzielt wurde.

In Folge des Wasserreichthums der deutschen Flüsse, der es gestattet, die Flüsse selbst der Schiffahrt dienstbar zu machen, sind Parallelkanäle, die das Flussthal benutzen und ihr Speisewasser dem Flusse entnehmen, sogenannte Lateralkanäle, nur vereinzelt und auf kurze Entfernungen zur Ausführung gelangt. Zur Zeit befindet sich indessen ein solcher Kanal von grosser Bedeutung in Ausführung: der Dortmund-Ems-Kanal, der auf dem grössten Theil seiner Länge Parallelkanal zur Ems ist. Auch Stichkanäle, welche Verkehrscentren an Wasserstrassen anschliessen, sind in Deutschland selten und von untergeordneter Bedeutung, während fast sämmtliche grössere Kanäle Verbindungskanäle zwischen zwei Wasserstrassen sind.

Die meisten deutschen Kanäle entfallen naturgemäss auf die norddeutsche Tiefebene, da das gebirgigere Süddeutschland der Anlage von Kanälen grosse Schwierigkeiten entgegensetzt.

Niveaukanäle sind in Deutschland nur selten. Meist haben die Kanäle mehrere Haltungen, deren Niveauunterschiede mittelst Schleusen, vereinzelt auch mit Schiffseisenbahnen, überwunden werden.

Auf der Ausstellung hat das Königl. preussische Ministerium der öffentlichen Arbeiten mehrere in den letzten Jahren ausgeführte Schiffahrtskanäle durch Modelle, Pläne, Zeichnungen, Photographieen und Druckwerke unter No. 1658 des Kataloges der Ausstellung des Deutschen Reiches zur Anschauung gebracht.

Seekanäle. An Seekanälen besteht zur Zeit in Deutschland nur der 1777—1785 ausgeführte 3,2 m tiefe Eider-Kanal, der als Schleusenkanal die Ostsee mit der Eider und durch diese mit der Nordsee verbindet und trotz seiner schwierigen Schiffahrtsverhältnisse einen regen Verkehr kleiner Seeschiffe aufweist.

Der Gedanke, die Ostsee mit der Nordsee schiffbar zu

verbinden und so die gefährliche Umschiffung der jütländischen Halbinsel zu vermeiden, ist schon alt. Bereits in den Jahren 1391—1398 erbaute die alte Hansestadt Lübeck zu diesem Zwecke den freilich nur Binnenschiffen zugänglichen Stecknitz-Kanal, der nunmehr seit fast 5 Jahrhunderten in Betrieb ist. Diese alten Kanalverbindungen kommen für den] ausserordentlich regen Schiffsverkehr zwischen Nordsee und Ostsee, der durchschnittlich jährlich 12 Millionen Registertonnen beträgt, naturgemäss kaum in Betracht. Um für diesen bedeutenden Verkehr eine brauchbare Wasserstrasse herzustellen und gleichzeitig die deutschen Kriegsflotten der Nordsee und Ostsee in Verbindung zu setzen, befindet sich zur Zeit ein Seekanal grösserer Abmessung im Bau, der Nord-Ostsee-Kanal, der die Kieler Föhrde mit der Elbemündung bei Brunsbüttel verbindet (s. Reliefplan unter No. 1651 des Katalogs der Ausstellung des Deutschen Reiches). Dieser 100 km lange Kanal, dessen Fertigstellung im Jahre 1894 geplant ist, hat bei kleinstem Wasser 8,5 m Tiefe. Er wird als Niveaukanal erbaut und hat nur an seinen beiden Enden Schutzschleusen, die indessen an der Nordsee täglich 6—8 Stunden, an der Ostsee fast unausgesetzt offen stehen. Die Kosten des Nord-Ostsee-Kanals werden 150 Millionen Mark betragen.

Auch die Frage eines Seekanals nach Berlin wird augenblicklich erörtert. Die in Betracht kommenden Linien benutzen entweder die untere Elbe oder den kürzeren und billigeren Weg durch die untere Oder. Diese letztere Linie wird, gegenüber der im allgemeinen besser gelegenen Mündung des Kanales in die Nordsee, durch den Bau des Nord-Ostsee-Kanales bedeutend begünstigt. Ob die Bedeutung dieser Kanalverbindung, die einen Höhenunterschied von 30 m überwinden muss, die bei 6,5 m Wassertiefe auf wenigstens 200 Millionen Mark veranschlagten Kosten rechtfertigt, dürfte einstweilen noch fraglich sein.

3. Hafenbauten.

Die deutschen Hafenanlagen zerfallen hinsichtlich ihres Zweckes in Häfen für Seeschiffe und Häfen für Flussschiffe.

Dabei sind die ersteren zum Theil direkt oder nahe am offenen Meere gelegen, während ein anderer Theil weit landeinwärts an den noch für Seeschiffe zugänglichen Punkten grösserer Flüsse liegt. An solchen Punkten aber findet eine direkte Begegnung von See- und Flussschiffen statt, und der dortige Gesammthafen dient daher beiden Arten von Schiffen.

Diese Häfen, bei der in Deutschland stark ausgebildeten Flussschiffahrt naturgemäss die bedeutenderen, sind meist sehr alt. Zur Zeit der Hansa entwickelten sich an jenen Endpunkten der Seeschiffahrt schnell emporblühende Handelsstädte, die bis heute ihre Bedeutung behauptet haben, und in denen sich noch jetzt der weitaus grösste Theil des deutschen Seehandels abspielt.

Das ausserordentlich schnelle Anwachsen der Abmessungen der Schiffe drängte dagegen in diesem Jahrhundert zur Anlage der zuerst genannten Häfen an den äussersten Flussmündungen, die als eine Art Vorhäfen zu betrachten sind. Diese Häfen werden meist von den Schiffen grösster Abmessungen benutzt, die entweder wegen ihres grossen Tiefganges den Haupthafen nicht erreichen können, oder denen an einer möglichst schnellen Landung ihrer Passagiere gelegen ist. Auch dienen diese Häfen zum Leichtern und für solche Schiffe, die nur einen Theil ihrer Ladung löschen und den weiteren Weg zum Haupthafen vermeiden wollen. So entstand an der Weser zu Bremen Bremerhaven, an der Elbe zu Hamburg Cuxhaven, an der Trave zu Lübeck Travemünde, an der Warnow zu Rostock Warnemünde, an der Oder zu

Angaben über die

Unter Benutzung der Reichsstatistik, der Angaben der zusammen

Die Zahlen beziehen

Hafenort	Lage	Grösse aller Hafenbecken in qm	Länge der Ladestrecken in m
Regensburg	Donau	13 000	1 377
Passau	Donau	0	485
Lindau	im Bodensee	38 900	560
Friedrichshafen	Bodensee	42 800	620
Mülhausen	Rhone-Rhein Kanal	53 400	2 090
Heilbronn	Neckar	105 700	4 958
Mannheim	Rhein	1 515 000	29 065
Ludwigshafen	Rhein	29 000	3 500
Worms	Rhein	7 000	570
Frankfurt	Main	43 000	13 425
Gustavsburg	Rhein	70 300	1 825
Mainz	Rhein	665 500	8 380
Oberlahnstein	Rhein	41 000	1 252
Köln-Deutz	Rhein	120 100	3 865
Neuss	Erftkanal	47 500	1 900
Düsseldorf	Rhein	326 600	1 605
Uerdingen	Rhein	16 900	2 170
Duisburg	Rhein	238 400	7 140
Hochfeld	Rhein	83 600	2 025
Ruhrort	Rhein	616 000	13 640
Leer	Ems	165 200	2 065
Emden	Ems	253 600	2 060
Wilhelmshaven	Jadebusen	383 000	6 200
Minden	Weser	17 200	875
Bremen	Weser	417 000	11 308
Brake	Weser	41 000	1 365
Nordenham	Weser	0	527
Geestemünde	Weser	160 000	4 100
Bremerhaven	Weser	221 700	4 320

wichtigsten deutschen Häfen.

Dresdener Handelskammer und nach direkten Erkundigungen gestellt.
sich auf das Jahr 1890.

Grösse der nutzbaren Lagerflächen in Schuppen u. Speichern in qm	Tragkraft der Krahne in kg	Grösse des gesammten Schiffsverkehrs in t	Bemerkungen.
11 019	30 000	249 290	
3 951	20 000	102 072	
3 000	40 000	294 613	
12 697	17 500	91 197	
0	25 000	265 554	
13 900	38 750	241 500	
15 820	104 500	2 683 151	
40 000	52 000	815 955	
1 250	4 000	140 039	
25 150	67 500	729 735	
5 734	33 100	397 705	
18 176	60 000	216 081	
810	8 000	269 284	
13 452	28 250	562 357	
673	12 500	146 663	
3 952	17 000	241 011	
5 377	18 500	132 107	
52 263	56 160	2 228 743	
0	19 000	923 118	
16 793	72 000	3 446 413	
2 520	53 000	136 847	darunter Seeverkehr 72 372 t.
59 350	68 000	136 810	darunter Seeverkehr 78 507 t.
0	223 000	33 278	
300	10 500	44 060	
165 966	252 900	1 415 011	darunter Seeverkehr 1 132 693 t.
29 460	36 000	—	
56 349	6 000	--	
22 600	70 000	1 236 900	darunter Seeverkehr 787 600 t.
76 400	200 500	1 002 084	darunter Seeverkehr 3 178 953 t.

Angaben über die

Unter Benutzung der Reichsstatistik, der Angaben der zusammen
Die Zahlen beziehen

Hafenort	Lage	Grösse aller Hafenbecken in qm	Länge der Ladestrecken in m
Schandau	Elbe	0	948
Dresden	Elbe	35 800	3 770
Riesa	Elbe	36 000	3 020
Wallwitzhafen	Elbe	11 700	740
Magdeburg	Elbe	102 000	4 815
Berlin	Spree	120 000	28 991
*Harburg	Elbe	263 500	11 700
Hamburg	Elbe	4 232 000	37 680
Altona	Elbe	117 000	4 600
Cuxhaven	Elbe	62 000	1 430
Flensburg	Ostsee	288 000	1 500
Kiel (Handelshafen)	Ostsee	700 000	1 640
Lübeck	Trave	540 000	9 480
Rostock-Warnemünde	Warnow	97 300	2 661
Stralsund	Ostsee	252 000	2 030
Breslau	Oder	20 400	2 696
Küstrin	Oder	11 700	650
Stettin	Oder	888 000	10 100
Swinemünde	Ostsee	1 280 000	6 710
Thorn	Weichsel	34 900	1 770
Bromberg	Brahe	595 000	250
Danzig	Weichsel	255 800	5 120
Neufahrwasser	Weichsel	1 134 000	11 025
Königsberg	Pregel	259 400	3 470
Pillau	Ostsee	359 000	2 620
Tilsit	Memel	21 400	—
Memel	Memel	1 019 000	3 800

* Die Angaben für Harburg beziehen sich auf das Jahr 1891.

wichtigsten deutschen Häfen.
Dresdener Handelskammer und nach direkten Erkundigungen gestellt.
sich auf das Jahr 1890.

Grösse der nutzbaren Lagerflächen in Schuppen u. Speichern in qm	Tragkraft der Krahne in kg	Grösse des gesammten Schiffsverkehrs in t	Bemerkungen.
772	7 000	99 874	
1 674	65 250	623 259	
13 700	38 500	303 958	
13 264	12 000	226 101	
32 470	47 350	1 559 752	
166 655	226 850	4 684 335	
15 560	56 850	1 934 571	darunter Seeverkehr 230 370 t.
1 327 352	1 433 300	10 759 171	darunter Seeverkehr 7 519 102 t.
103 000	71 000	1 409 287	darunter Seeverkehr 384 387 t.
0	3 000	—	
3 300	18 000	—	
0	15 000	759 643	darunter Seeverkehr 430 765 t.
10 000	65 000	685 835	darunter Seeverkehr 573 264 t.
3 000	15 000	370 000	Seeverkehr.
26 560	9 500	137 600	darunter Seeverkehr 41 600 t.
22 665	62 750	1 213 075	
355	2 000	74 973	
13 600	92 250	4 764 449	darunter Seeverkehr 2 042 939 t.
1 960	0	727 906	darunter Seeverkehr 384 217 t.
2 271	3 500	44 991	
4 000	25 000	188 924	und 4 163 364 qm Holzflösse.
52 000	31 000	} 1 972 340	darunter Seeverkehr 939 932 t.
27 975	78 000		
34 871	43 500	} 1 607 743	darunter Seeverkehr 812 170 t.
—	20 000		
0	0	118 208	
—	12 500	919 739	darunter Seeverkehr 404 262 t

Stettin Swinemünde, an der Weichsel zu Danzig Neufahrwasser und am Pregel zu Königsberg Pillau.

Von den Flusshäfen sind selbstverständlich die an den grösseren und für grössere Schiffe fahrbaren Flüssen liegenden Häfen die bedeutendsten. Das Vorhandensein bestimmter Massengüter, namentlich der Kohle, oder die naturgemässe Endigung der grösseren Flussschiffahrt, verbunden mit dem Zusammentreffen mehrerer Eisenbahnen, gab ausser der sonstigen Bedeutung des betreffenden Ortes den Ausschlag für die Lage und die Verkehrsgrösse der Flusshäfen.

Sowohl der See- als auch der Binnenschiffartsverkehr spielt sich zum Theil in Hafenbassins, zum Theil direkt an den Flussufern ab. Die Hafenbecken an den Flüssen und an der Ostsee sind offen, während die Nordseehäfen, die sonst einem starken Fluthwechsel unterliegen würden, meist Schleusen besitzen, so Bremerhaven, Wilhelmshaven und Emden.

Die meisten Häfen stehen mit einer einzigen Einfahrt, die fast durchweg sich der Stromrichtung im spitzen Winkel anschmiegt, mit den Flüssen in Verbindung, doch kommen vereinzelt auch Häfen mit zwei Einfahrten vor, deren stromaufwärts gelegene mit einer Schleuse abgeschlossen ist, um ein Versanden des Hafens zu verhindern. Zur Erleichterung des Verkehrs und zur Spülung thun diese zweiten Oeffnungen gute Dienste.

Die meisten der Hafenbecken sind parallel zu den Flüssen gerichtet, doch kommen auch andere Richtungen bis senkrecht zum Strome vor.

Mit vereinzelten Ausnahmen sind alle deutschen Handelshäfen sowie auch zahlreiche für den Ladeverkehr dienende Strecken der Flussufer an das Eisenbahnnetz angeschlossen.

Einige Angaben über die Grösse und den Verkehr der wichtigsten deutschen Hafenanlagen wurden in der vorstehenden Tabelle (Seite 44 bis 47) zusammengestellt.

Auf der Ausstellung sind ausgeführte Hafenanlagen
u. s. w. unter No. 1632, 1658, 1666, 1676, 1683, 1698 und 1702 des
Katalogs der Ausstellung des Deutschen Reiches vertreten.

Oberbaudirektor Franzius.

Hieran seien die nachstehenden Mittheilungen über
Bagger
angeschlossen.

Als Erdgrabmaschinen: Trockenbagger sowohl wie Nassbagger, werden in Deutschland fast ausschliesslich solche gebaut und verwendet, bei denen der Grabmechanismus aus einer endlosen Eimerkette besteht, während Greifbagger oder Schaufelbagger nur für besondere Fälle zur Verwendung gelangen.

Die s c h w i m m e n d e n Bagger, durchgehends in Eisen und Stahl hergestellt, haben eine im Mittelschlitz liegende Eimerkette, welche meist soweit vor das Vordertheil des Schiffskörpers hervorragt, dass der Bagger bis über die Wasserlinie hinaus arbeiten und sich gebotenenfalls sein Fahrwasser selbst schaffen kann. Zum Betrieb ist meist nur e i n e D a m p f m a s c h i n e vorhanden, durch welche sämmtliche Mechanismen in Bewegung gesetzt werden, und zwar durch Vermittlung von Reibungskupplungen, welche sich, ohne den Gang der Antriebsdampfmaschine zu beeinflussen, ein- und ausrücken lassen. Eimer und Eimerkette sowie die Polygone sind zur Verminderung der Abnutzung aus Stahl und Stahlguss hergestellt.

Der Antrieb der Eimerkette erfolgt mittelst fester Rädertransmission oder durch Riemen, ebenfalls unter Vermittlung einer während des Ganges ein- und ausschaltbaren Reibungskupplung. Die Dampfmaschinen der besseren Ausführungen sind nach Compoundsystem mit Oberflächenkondensation ausgeführt, die kleineren Apparate haben Hochdruck-Expansionsmaschinen. Die Dampfkessel sind meist liegend angeordnet und nach dem normalen Schiffskesselsystem für Dampfspannungen von 7 bis 10 Atm. ausgeführt; kleinere Kessel haben ausziehbare Röhren. — Die Leistungen für den 10stündigen Arbeitstag stellen sich bei den grössten Ausführungen auf 3500 cbm; als grösste vorkommende Baggertiefe ist 12 m anzunehmen.

Der Transport des gebaggerten Materials erfolgt zum grössten Theil durch Prähme oder Schuten, welche in grösster Ausführung bis 250 cbm Fassungsraum haben, mit eigenen Schiffsmaschinen und Propellern ausgerüstet sind und Fahrgeschwindigkeiten bis 8 Knoten erreichen. Ebenso werden Reservoirbagger gebaut mit Laderäumen für 250 bis 300 cbm Boden und 8 Knoten Fahrgeschwindigkeit. Die gewöhnlichen, durch Bugsirdampfer geschleppten Transportfahrzeuge haben zwischen 40 und 70 cbm Fassungsraum.

Zum Entleeren der Prähme werden feststehende und schwimmende Elevatoren verwendet, welche mittelst einer Eimerkette das Material herausschaffen und es entweder in Rollwagen verladen oder es einer Rohrleitung zuführen, durch welche es vermittelst eines von einer Centrifugalpumpe erzeugten Wasserstroms, auf beträchtliche Entfernungen — 500 m und darüber — transportirt wird. Ebenso werden auch die Bagger selbst mit derartigen Spülvorrichtungen versehen, deren Rohre, zum Theil auf dem Wasser schwimmend und gelenkig unter einander verbunden, eine freie Bewegung des Baggers gestatten. Die grösseren Ausführungen dieser Art Bagger haben, bei 2000 cbm täglicher Leistung, Maschinen von 250 bis 300 PS zum Spülen und von etwa 90 bis 120 PS zum Baggern. — Auch sind verschiedentlich Saugbagger im Betrieb, welche ohne Eimerkette arbeiten, indem sie den Boden durch einen Wasserstrom aufsaugen, zum Theil unter Hülfe eines Rührwerkes zum Auflockern oder Abschneiden zu fest gelagerten Bodens.

Anstatt der schwimmenden und theilweise noch auf dem Erdboden liegenden Rohrleitungen werden die Bagger auch mit hochliegenden, freischwebenden Rohren und Rinnen ausgestattet mit Ausladungen bis 60 m, ebenso mit Plattenketten und Gummituchtransporteuren. Zum Senken von Brunnenschächten, Bassins u. s. w. werden vertikale Eimerbagger oder Greifbagger verwendet.

Die in Deutschland erzeugten T r o c k e n b a g g e r gehören der Arbeitsweise nach dem C o u v r e u x schen System an, weichen in der Ausführung jedoch wesentlich von ihm ab. Besonders ist ein Typus weit verbreitet, bei welchem das Wagengestell des Baggers den Kippwagenzug überbaut, indem es sich auf ein aus drei oder vier Schienen bestehendes Gleis stützt, zwischen welchem das Kippwagengleis liegt. Die Apparate zeichnen sich in Folge dieser Bauart durch grosse Stabilität aus und gestatten deshalb die Verwendung schwerer Eimerketten und langer Eimerleitern; dadurch sind sie sowohl zur Bearbeitung s c h w e r e n Bodens als zur Erzielung grosser Baggertiefen geeignet. Bei g r o s s e n Trockenbaggerbetrieben erfolgt der Transport des geförderten Baggergutes auschliesslich durch Lokomotiven in zusammenhängenden Wagenzügen von 100 bis 150 cbm Ladung. Während des Beladens der Wagen steht der Zug still, und der Bagger füllt die Wagen der Reihe nach, indem er langsam fortschreitet, während durch eine geeignete Klappvorrichtung verhütet wird, dass der Boden in die Zwischenräume zwischen den einzelnen Wagen auf das Gleis fällt. Für k l e i n e r e Leistungen und Beförderung des Materials in kleineren Kippwagen sind die Apparate mit Sammeltrichtern ausgestattet, welche die Ladung eines Wagens aufnehmen können und so lange geschlossen bleiben, bis der Wagen untergeschoben ist.

Die Höchstleistungen der in Deutschland gebauten Trockenbagger sind 3000 cbm bei zehnstündiger Arbeit, die grösste Grabtiefe 10 m. Verschiedentlich werden die Apparate mit eigenthümlichen Eimerkettenführungen ausgeführt, durch welche bestimmte Zwecke erreicht werden, z. B.: g e s o n d e r t e

Förderung verschiedener Bodenarten, Herstellung ebener Kanalsohlen, Herstellung bestimmter geradliniger Böschungen u. s. w.

Die Trockenbagger werden ausser zu Kanal- und Hafenbauten auch vielfach für Abräumarbeiten in Bergwerken, Thongräbereien u. s. w. verwendet.

Zum selbstthätigen Weitertransport des Baggergutes werden die Trockenbagger mit Transporteuren versehen, welche bei kürzeren Transportweiten freischwebend am Apparat befestigt sind, bei längeren am äusseren Ende noch eine Unterstützung haben, welche sich auf einem eigenen Gleis durch Maschinenkraft fortbewegt. Als Transportmittel ist das Band ohne Ende (Gummituch), die Plattenkette und Kippwagenkette im Gebrauch; letztere für grosse Massen und lange Transporte.

Die zum Bau der Baggermaschinen verwendeten Materialien sind durchgehends deutschen Ursprungs. Als Brennmaterial dient meistens Steinkohle, seltener Braunkohle und Torf. Die Maschinen sind der hohen Brennmaterialpreise wegen meist für sparsamen Dampfverbrauch konstruirt, ebenso ist darauf Rücksicht genommen, die Bedienungsmannschaft möglichst zu verringern.

Deutschland ist nicht nur im Stande, seinen eigenen Bedarf an Baggermaschinen zu decken, sondern hat bisher auch nach Oesterreich-Ungarn, Russland, Finland, Dänemark, Rumänien, Italien, England, Amerika, China, Indien u. s. w. ausgeführt.

Die Baggermaschinen werden hauptsächlich in norddeutschen Seestädten, sowie einigen im Innern des Landes an grösseren Flüssen gelegenen Städten gebaut, und zwar von Werken, welche sich mit Schiff- und Schiffsmaschinenbau beschäftigen.

Zeichnungen von Baggermaschinen finden sich unter No. 1634 und 1664 des Katalogs der Ausstellung des Deutschen Reiches.

IV.

SCHIFFBAU.

IV. Schiffbau.

Der Schiffbau an den deutschen Küsten der Nord- und Ostsee hat naturgemäss seit den ältesten Zeiten mit der Entwicklung der Schiffahrt gleichen Schritt gehalten. Da das erforderliche Baumaterial bester Güte in den prächtigen Eichenwäldern in der Nähe des Meeres zur Hand war, so entstanden längs der deutschen Küsten zahlreiche Schiffswerfte, die in der Lage waren, den Wettbewerb mit anderen Nationen aufzunehmen. Die sorgfältigen und gediegenen Schiffskonstruktionen in Verbindung mit dem ausgezeichneten und billigen Material veranlassten schon in früher Zeit das Ausland, Schiffe in Deutschland zu bestellen, und es waren deren bereits zahlreiche geliefert, als in der Mitte dieses Jahrhunderts der Bau hölzerner Schiffe allmählich nachliess.

Die Bedingungen für den nunmehr folgenden Bau eiserner und — seit rd. 15 Jahren — stählerner Schiffe waren anfangs in Deutschland nicht sehr günstig. In Westfalen und Schlesien war zu jener Zeit die Eisenindustrie für Schiffbauzwecke wenig entwickelt und nicht darauf eingerichtet, die erforderlichen Bleche und Winkel zu walzen, weil die Nachfrage gering und die Aussicht auf guten Absatz für die Zukunft zweifelhaft war, als im Jahre 1850 ein paar Werke den Bau eiserner Schiffe begannen. Aus dem angegebenen Grunde musste das Material für die ersten in Deutschland gebauten Schiffe dieser Art von England bezogen werden; aber die Kosten für Fracht sowie andere Ausgaben steigerten seinen Preis derart, dass es den deutschen Schiffbauern schwer war, ihre Schiffe zu englischen Preisen zu bauen. Zu jener Zeit war überdies der englische Eisenschiffbau schon weit besser entwickelt, und so fanden es die deutschen Rheder vortheilhafter, Bestellungen auf neue Schiffe englischen Firmen zu übertragen, während die deutschen Werfte kaum Arbeit genug zur Beschäftigung ihrer Arbeiter finden konnten.

Gegenwärtig ist die Lage des Schiffbaues in Deutschland hiervon ganz verschieden, und zwar weit besser als zuvor; die Zahl der Privatwerke, die sich mit dem Bau von Dampfschiffen, ihren Maschinen und von Segelschiffen jeglicher Grösse beschäftigen, beträgt mehr als 50, und zur Zeit sind über 40000 Arbeiter in ihren Werkstätten beschäftigt. In Wilhelmshaven, Kiel und Danzig befinden sich ausgedehnte Werfte der Kaiserl. Deutschen Marine, wo sowohl neue Schiffe gebaut und ältere ausgebessert werden, als auch die Ausrüstung der Schiffe mit Geschützen, Munition, Geräthen, Vorräthen u. s. w. besorgt wird, sobald sie in Dienst gestellt werden. Ausserdem sind noch 7 der Privatwerfte mit dem Bau von Panzerschiffen, Kreuzern, Torpedobooten u. s. w., einschliesslich der Dampfmaschinen und der Ausrüstung, für die Deutsche Marine beschäftigt. Das gesammte hierzu erforderliche Material, mit Einschluss der Compound- und Nickelstahl-Panzerplatten, wird jetzt ausnahmslos von deutschen Stahl- und Eisenwerken geliefert; auch die ganze Ausrüstung dieser Schiffe, als: Anker, Ketten, Taue, Segel, nautische Instrumente u. s. w., sowie die Armirung, die hauptsächlich von Krupp in Essen hergestellt wird, und alle Einzelheiten werden hier zu Lande angefertigt.

Dieselben Schiffswerfte waren und sind zum Theil auch eben jetzt mit dem Bau von Kriegsschiffen für andere europäische und aussereuropäische Mächte beschäftigt. In den Jahren 1881 bis 1887 lieferte die Stettiner Maschinenbau-Aktiengesellschaft Vulcan 5 Panzerschiffe I. Klasse für die Kaiserl. Chinesische Marine, ferner mehrere Torpedoboote, Bagger, Schwimmkrahne u. s. w.; Schichau in Elbing baute zur selben Zeit und später eine grosse Zahl von Torpedobooten für Russland, Italien, Oesterreich, die Türkei, China u. a., ferner auch grössere Kriegsschiffe und Schiffsmaschinen von beträchtlicher Grösse für auswärts gebaute Schiffe; die Aktiengesellschaft Weser in Bremen lieferte 2 Kreuzer nach Persien, Torpedoboote nach Spanien u. s. w.; die Aktiengesellschaft Germania in Berlin und Kiel baute zahlreiche Torpedoboote für Spanien und die Türkei und hat zur Zeit mehrere derselben in Arbeit. Alle diese Bauten haben an maassgebender Stelle bei den verschiedenen Kriegsmarinen im höchsten Grade befriedigt, und neue Bestellungen der letzteren gehen in der Regel wieder an dieselbe Firma, mit der man vorher in Verbindung gestanden.

Mehr als diese Kriegsschiffe beschäftigt die deutschen Schiffbauer der Bau von Handelsschiffen, von denen sie durchschnittlich jährlich 150 mit zusammen rd. 100 000 Tonnen Bruttoraumgehalt, darunter mehrere für auswärtige Rheder, in Deutschland bauen. Die damit erzielten guten Erfolge sowie die guten Seeeigenschaften der genannten Schiffe sind zum Theil der sorgfältigen theoretischen Ausbildung zu verdanken, welche den angehenden Schiffbau- und Schiffsmaschinenbau-Ingenieuren an den Technischen Hochschulen, insbesondere in Berlin zu Theil wird.

Die schönen Linien der ausgestellten Schiffsmodelle (Katalog der Ausst. des Deutschen Reiches No. 1615, 1634, 1707, 1833 und 1838) zeigen den günstigen Einfluss dieser Schulen; letzterer ist noch mehr aus den bedeutenden Leistungen ersichtlich, welche in Deutschland gebaute Schiffe auf See erreichten. So erlangte z. B. einer der atlantischen „Windspiele" (greyhounds), der für die Hamburg-Amerikanische Packetfahrt-Aktiengesellschaft von der Stettiner Maschinenbau-Aktiengesellschaft Vulcan erbaute, wohlbekannte Passagierdampfer „Fürst Bismarck" auf seinen Reisen nach New York und zurück nach Deutschland eine Geschwindigkeit von mehr als 20 Knoten, während sein in England gebautes, derselben Gesellschaft gehöriges Schwesterschiff „Normannia" von genau denselben Abmessungen und derselben Maschinenkraft es bei höherem Kohlenverbrauch nur auf 19,7 Knoten brachte. Auch einige der neuesten von Schichau gebauten, oben erwähnten Torpedoboote, welche bei der zweistündigen Probefahrt in See eine mittlere Geschwindigkeit von 27,4 Knoten erlangten, wurden durch keine anderen übertroffen. Diese Beispiele bilden sicher vollgültige Beweise für die vollendete Konstruktion der Schiffe und ihrer Maschinen.

Unter den in Deutschland gebauten Segelschiffen giebt es mehrere von grosser Vollkommenheit; das gute Material und die gute Arbeit in Verbindung mit der theoretisch begründeten schönen Form, angemessener Stabilität und guten Segeleigenschaften setzten sie in den Stand, schnelle Reisen zu machen. So kam z. B. im Jahre 1892 der von Joh. C. Tecklenborg in Geestemünde für F. Laeisz in Hamburg ganz aus Stahl gebaute Viermaster „Placilla", nachdem er am 2. März Kap Lizard passirt, in Valparaiso nach 58 Tagen an und machte die Heimreise von Iquique nach Kap Lizard in 76 Tagen, gewiss eine sehr schnelle Reise, die bisher von keinem anderen Segelschiffe erreicht wurde. Aehnliche Erfolge könnten von Segelschiffen anderer deutscher Schiffbauer, z. B. Blohm & Voss, Flensburger Schiffbau, Aktiengesellschaft Weser u. s. w., berichtet werden; alle diese Firmen sind mit gutem Erfolg bemüht, ihre Leistungen zu vervollkommnen, um ihre erfahrenen englischen Nachbarn zu übertreffen.

Praktisch und theoretisch vorgebildete Ingenieure stehen als Leiter an der Spitze der Schiffswerfte und Maschinenwerkstätten, denen geschickte Arbeiter in genügender Zahl zur

Verfügung stehen, um in verhältnismässig kurzer Zeit grössere Arbeiten auszuführen.

Offiziere und Ingenieure der Kaiserl. Marine beaufsichtigen den Bau der deutschen Kriegsschiffe auf den Privatwerften, und in mehreren Fällen gestattete das Reichs-Marineamt in zuvorkommender Weise seinen Aufsichtsbeamten, auch den Bau von fremden Mächten in Deutschland bestellter Panzerschiffe u. s. w. zu beaufsichtigen.

Der Bau der Handelsdampfer und Segelschiffe wird durchgängig geregelt und überwacht durch Beamte des Germanischen Lloyds, des Bureau Veritas oder von Lloyds Register, ausserdem durch die von der Rhederei entsandten Kapitäne oder Ingenieure, denen die Prüfung der Materialien sowie die Beaufsichtigung der Arbeit und der Einzelheiten der Konstruktion und Ausrüstung obliegt. Vor ihrer Verwendung werden sämmtliche Bleche, Balken und Winkel, entsprechend den von den oben genannten Schiffs-Klassifikationsgesellschaften aufgestellten Vorschriften geprüft.

Nachdem die deutschen Eisen- und Stahlfabrikanten nach und nach ihre Walzwerke u. s. w. vervollkommnet haben, wird jetzt von ihnen ein bedeutender Theil des in Deutschland für Schiffbauzwecke, insbesondere für Kriegsschiffe, verwandten Stahls und Eisens geliefert, und in kurzem wird nichts Derartiges mehr im Ausland bestellt werden. Auch die zahlreichen Ausrüstungsgegenstände, wie: Hilfsmaschinen, Pumpen, Boote, Anker, Ketten, Segel, Taue, nautische Instrumente, Dampf- und andere Kochvorrichtungen, Badeeinrichtungen, Waterklosetts u. s. w. sind jetzt deutschen Ursprungs. Die bequemen und prachtvollen Einrichtungen, die Ausstattung der Salons u. s. w. der neuesten zwischen Deutschland und Amerika, Australien, Ostindien, China und Japan verkehrenden Passagierdampfer sind entworfen und ausgeführt von deutschen Architekten, Künstlern, Handwerkern u. s. w. Die ausgestellten

Schiffsmodelle zeigen hiervon nur wenig, aber Jeder, der eine Reise an Bord eines dieser Schiffe gemacht hat, wird bezeugen, dass sie zu den besten für den Passagierverkehr gehören und mindestens denen irgend einer anderen Nation gleichkommen. So ist z. B. der vorerwähnte „Fürst Bismarck", der sich sowohl durch seine schnellen Reisen wie durch die glänzende Ausstattung seiner Salons, Schlafzimmer u. s. w. bereits einen guten Namen gemacht hat, der ausgesprochene Liebling der Reisenden zwischen Europa und New York. Ebenso machten die Reichspostdampfer: „Preussen", „Bayern", „Sachsen" und „Kaiser Wilhelm II.", für den Post-, Passagier- und Güterverkehr nach Ostindien, China, Japan und Australien manche guten Fahrten und bieten den Reisenden jeden Komfort. Ferner müssen hier „Spree" und „Havel" erwähnt werden, weil sie zu den bestkonstruirten Dampfern gehören, welche den Atlantischen Ocean kreuzen; ihre ganze Ausrüstung ist vorzüglich, und namentlich sind ihre Schlafzimmer wegen der ungewöhnlichen Grösse sehr bequem.

Es konnten nur wenige Modelle ausgestellt werden, welche einige der besten in Deutschland gebauten Schiffe darstellen (s. in der deutschen Ingenieur-Ausstellung No. 1615, 1634 und 1707 des Katalogs der Ausst. des Deutschen Reiches und in Gruppe 85, gleichfalls im Transportgebäude, insbesondere No. 1833 und 1838; ferner ein Modell eines **Klapp-Rettungsbootes** für Passagierdampfer unter No. 1653); aber diese wenigen geben einen guten Begriff von dem gegenwärtigen Stand des Schiffbaues in Deutschland, und die darin thätigen Männer sind hinreichend geschickt und fähig, diesen Theil der deutschen Industrie stets auf der höchsten Stufe der Vollkommenheit zu erhalten.

R. Haack.

V.

EISENKONSTRUKTIONEN FÜR BRÜCKEN- UND HOCHBAU.

V. Eisenkonstruktionen für Brücken- und Hochbau.

Die Herstellung von Eisenkonstruktionen für Brücken- und Hochbauten findet in Deutschland in beachtenswerthem Umfange seit kaum vierzig Jahren statt. Hervorgerufen wurde dieser Industriezweig durch das grosse Bedürfniss an Bauwerken, welche mit den bislang vorhandenen Mitteln und nach den bekannten Mustern nicht ausgeführt werden konnten; ermöglicht durch die Erweiterung und Vertiefung der theoretischen Kenntnisse und die Fortschritte in der Fabrikation des Eisens. Der Bau der Eisenbahnen, welche seit etwa 1840 in immer enger werdendem Netze Deutschland überzogen, verlangte eine grosse Zahl kleiner, mittelgrosser und grosser Brücken; in vielen Fällen waren gewölbte Brücken nicht möglich, Holzbrücken wurden wegen der Feuersgefahr und der Vergänglichkeit des Baustoffs bald als unthunlich erkannt, — so blieb als Material nur das Eisen. Zuerst verwendete man Gusseisen, welches wegen seiner geringen Sicherheit gegen Stösse für die rasch und mit unvermeidlichen Erschütterungen befahrenen Eisenbahnbrücken ganz ungeeignet war und verlassen wurde, als man das Schweiss- und Walzeisen zu Brücken zu verarbeiten lernte. — Für die kleinen Brücken ergab sich als einfache, leicht und billig herzustellende Form die des geradachsigen, einfachen Balkens, welche sich bald zu derjenigen des $\top$-förmigen Blechträgers ausbildete. Sie ist noch heute für kleine Weiten (bis etwa 15 m) üblich und zweckmässig.

Der Eisenbahnbau konnte aber vor den grösseren Flüssen und Strömen nicht Halt machen, und es trat an die Ingenieure die Aufgabe heran, Weiten zu überspannen, deren Ueberbrückung vordem nicht möglich geschienen hatte. Zuerst verwendete man für diese Aufgaben nach dem Vorbilde Englands und Frankreichs gleichfalls Blechträger, doch stellte sich bald diese Konstruktion für grosse Weiten als unvortheilhaft heraus. Die hohen Blechwände bedingen starke Aussteifungen und damit grossen Materialaufwand, die vollen Wände bieten dem Winde bedeutende Angriffsflächen; dazu kommt das ungünstige, plumpe Aussehen. Es mussten für diese Brückenbauten andere Hauptträgerformen zu Grunde gelegt werden.

Man erkannte in Deutschland frühzeitig, dass die kühnen neuen Konstruktionen nur dann berechtigt sind, wenn sie genau berechnet und demgemäss vollkommen sicher auch für die ungünstigsten Fälle hergestellt werden können. So ergab sich denn als Hauptgrundsatz für die Herstellung der Eisenkonstruktionen:

Die Konstruktionen sind derartig zu gestalten, dass sie bis in alle Einzelheiten genau berechnet werden können.

Dieser Grundsatz ist in der Entwickelung der Konstruktionskunst der letzten 40 Jahre deutlich erkennbar, und diesem Umstande verdanken die deutschen Konstruktionen ihre Zuverlässigkeit trotz geringen Materialaufwandes. Es soll gezeigt werden, wie man diesem Grundsatze gerecht wurde

a) in der Art der Stützung der Träger,
b) in der Anordnung des Stabwerks,
c) in der Verbindung der einzelnen Theile.

a) Die Stützung der Träger wurde möglichst so gewählt, dass man die Stützendrucke für jede beliebige Belastung genau berechnen kann, ohne Rücksicht auf die elastischen Formänderungen. Dieser Bedingung genügen die

Balkenträger auf zwei Stützpunkten. Weitaus die meisten Brücken sind deshalb mit solchen Trägern ausgeführt. Dagegen genügen der erwähnten Bedingung nicht die sogenannten kontinuirlichen Träger, oder Träger, welche über mehrere Oeffnungen ununterbrochen durchlaufen. Sie bieten für den Materialverbrauch und die Aufstellung nicht unbedeutende Vortheile und wurden deshalb eine Zeit lang viel verwendet. Aber die Auflagerdrucke sind von den elastischen Formänderungen abhängig, und hierdurch kommt eine Unsicherheit in die Berechnung. Kleine Unterschiede in der Höhenlage der Stützen haben unter Umständen schon bedenklichen Einfluss auf die Inanspruchnahme. Man wendet deshalb in Deutschland diese Träger seit vielen

Abb. 1. Mainbrücke bei Hassfurt.

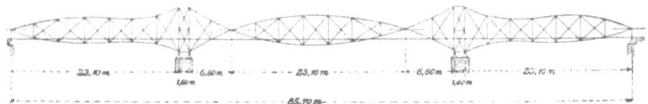

Jahren nur da an, wo man sie nicht gut vermeiden kann — wie bei den Drehbrücken — und wo sie besondere Vortheile bieten. Bereits in den sechziger Jahren gelang es aber Gerber, eine Konstruktion zu ersinnen, welche die Vortheile der kontinuirlichen Träger bietet, ohne deren Nachtheile zu zeigen, eine Konstruktion, welche insbesondere statisch bestimmt ist, also genaue Berechnung gestattet. Die Träger sind als Gerberträger oder Auslegerträger (Cantileverträger) bekannt (Katalog der Ausstellung des Deutschen Reiches No. 1633 und 1674); die erste Ausführung dieser Konstruktion ist die Mainbrücke bei Hassfurt (s. Abb. 1), welcher im Jahre 1872/73 die Donaubrücke bei Vilshofen folgte. Die Vorzüglichkeit dieses Systems hat ihm für die weiten Brücken der Neuzeit ein ausserordentlich grosses Verwendungsgebiet erobert; in Amerika sind viele Brücken mit Auslegerträgern hergestellt, und die z. Z. weitest gespannte Brücke der Erde, die Brücke über den Firth of Forth, ist nach diesem System erbaut. Es gestattet Materialersparniss, billige Aufstellung von fliegenden Gerüsten aus, gute Vertheilung des Eigengewichts, Ueberspannung sehr grosser Weiten.

Auch bei den Bogenbrücken erstrebte man eine Stützung, welche die Ermittlung der Stützendrucke nach den Gleichgewichtsgesetzen starrer Körper gestattet; zu diesem Zwecke wurde von Schwedler und Köpcke vorgeschlagen, drei Gelenke zu verwenden, von denen zwei stets an den Kämpfern (den Stützpunkten) liegen, eines gewöhnlich im Scheitel angeordnet wird. Durch diese Konstruktionsweise wird der Bogen auch von den Spannungen befreit, welche andernfalls durch die Temperaturänderungen und die hierdurch erzeugten Längsänderungen der Bogentheile hervorgerufen werden. — Die neueren Ausführungen von Dreigelenk-Bogenbrücken befriedigen in jeder Beziehung. Weit gespannte Bogenbrücken sind in Deutschland noch nicht mit drei Gelenken ausgeführt; für solche Brücken wählt man in Deutschland z. Z. wohl ausschliesslich Bogen mit zwei Kämpfergelenken. Diese Konstruktion ist freilich nicht statisch bestimmt; doch genügt die Aufstellung einer Elasticitätsgleichung für die Berechnung. Höchst beachtenswerthe Beispiele sind die Brücke über den Rhein bei Coblenz, die Strassenbrücke über den Rhein bei Mainz, die Brücke über den Nord-Ostsee-Kanal bei Grünenthal (Abb. 2) und die Brücke über die Spree in der Berliner Stadtbahn.

Es möge hier — gewissermaassen eingeschaltet — kurz erwähnt werden, dass die dritte Hauptart der Brücken, die Hängebrücken, sich neben den Balken- und Bogenbrücken in Deutschland nicht einbürgern konnten, weil es bislang nicht gelungen ist, die Seitenschwankungen beim Befahren zu vermeiden.

Was die Art der Stützung anlangt, so ist nach Vorstehendem die Zahl der verschiedenen Konstruktionsweisen in Deutschland eine sehr kleine; es werden ausgeführt:

Balkenträger auf zwei Stützen;
Ausleger-Balkenträger (Cantilever);
kontinuirliche Balkenträger (wenig);
Bogenträger mit drei Gelenken;
Bogenträger mit zwei (Kämpfer-) Gelenken.

b) Die Anordnung des Stabwerks wird in ver-

Abb. 2. Brücke über den Nord-Ostsee-Kanal bei Grünenthal.

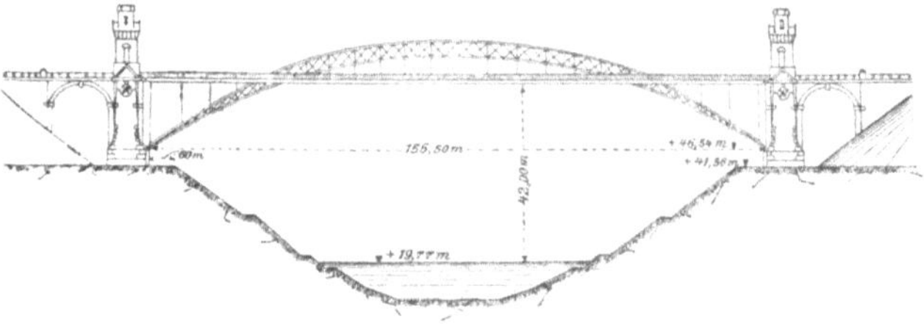

schiedenster Weise vorgenommen. Alle grösseren Brückenträger werden z. Z. in Deutschland als Stabwerke oder Fachwerke hergestellt, d. h. aus einzelnen Stäben zusammengesetzt. Das Bestreben, auch die Anordnung des Stabwerks derartig zu gestalten, dass bei geringstem Materialaufwande genaue Berechnung möglich sei, führte zu möglichst einfachen Fachwerken. Immer mehr kam man zielbewusst zu Konstruktionen, bei denen die im Innern der Stäbe auftretenden Zug- und Druckkräfte von den elastischen Formänderungen unabhängig sind, mit anderen Worten: zu sogenannten statisch bestimmten Fachwerken. Für die meisten deutschen Eisenkonstrukteure ist es heute Regel, die statisch unbestimmten

Fachwerke möglichst zu vermeiden. Längere Zeit hat es gedauert, ehe man sich darüber vollkommen klar wurde, welche Stabverbindungen als statisch bestimmte und statisch unbestimmte zu betrachten sind; gewisse Grundgesetze sind aber schon lange bekannt. Man weiss schon lange, dass stets ein statisch bestimmtes Fachwerk entsteht, wenn man an ein Dreieck nach einander je zwei neue Stäbe mit einem neuen Knotenpunkt fügt, dass das Fachwerk statisch unbestimmt ist, wenn in dem Träger Vierecke mit zwei sich kreuzenden Diagonalen vorkommen, — es sei denn, dass stets nur eine der Diagonalen zur Wirkung kommt.

Für die weit gespannten Brücken freilich konnte man statisch unbestimmte Fachwerke, die sogenannten mehrtheiligen Fachwerke, lange Zeit hindurch nicht gut entbehren. Da man die einzelnen Stäbe von Biegungsspannungen freihalten wollte, so musste jeder Lastpunkt als Knotenpunkt ausgebildet werden. Weitgespannte Träger bedingen aber auch grosse Höhe und, wenn nicht die Lastpunkte, die Querträger, sehr weit aus einander liegen sollen, bei eintheiligem Fachwerke steile Diagonalen. Man schachtelte nun, um näher liegende Lastpunkte ohne sehr steile Diagonalen zu erhalten, zwei oder drei einfache Systeme in einander und verschob die einzelnen Systeme um eine halbe bezw. drittel Feldlänge gegen einander. Die Berechnung dieser — statisch unbestimmten — Fachwerke erleichterte man sich durch die vereinfachende, nicht ganz richtige Annahme, dass jedes Einzelsystem die Hälfte bezw. den dritten Theil der ganzen Last trage. Brücken mit Trägern dieser Art sind in Deutschland sehr vielfach ausgeführt.

Neuerdings sind an die Stelle der mehrtheiligen Fachwerke einfache Fachwerke mit in die Hauptdreiecke eingeschalteten Unterkonstruktionen gesetzt worden, eine Konstruktion, welche bei Dächern (z. B. als sogenannter zusammengesetzter Polonceau-Dachstuhl) bereits lange Zeit üblich ist, auch bei Brücken in Nordamerika von Pettit schon vor Jahrzehnten ausgeführt worden ist. Diese Anordnung hat den grossen Vorzug statischer Bestimmtheit. Erwähnung mögen endlich noch die Fachwerke finden, welche, obgleich sie viereckige Felder ohne Diagonalen enthalten, dennoch weder labil noch statisch unbestimmt sind und der neuesten Zeit angehören. Sie gestatten bei tiefliegender Fahrbahn leichten Querverkehr zwischen den ausgekragten Fusswegen und gewähren, wegen der fehlenden langen Diagonalen einen befriedigenderen Anblick als die Fachwerke mit den langen Diagonalen, welche

Abb. 3. Neckarbrücke bei Mannheim.

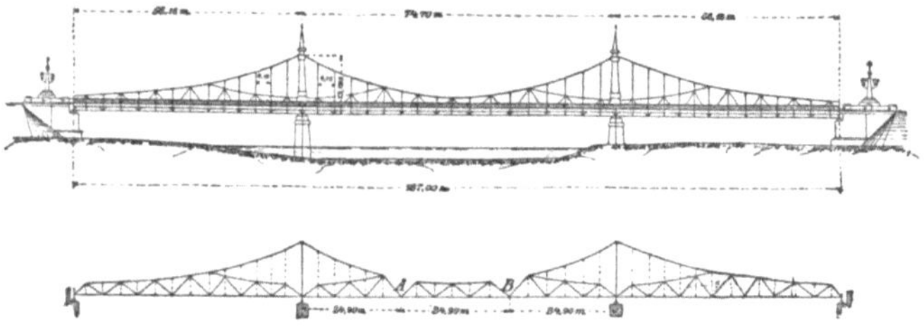

vielfach in jedem Felde andere Neigung haben. Ein sehr beachtenswerthes Beispiel solchen Fachwerks bietet die ausgestellte (Katalog der Ausstellung des Deutschen Reiches No. 1636) neue Neckarbrücke bei Mannheim (Abb. 3), eine Auslegerbrücke. Auch für Träger mit zwei Stützpunkten sind diese Fachwerke als sogen. Mittengelenkbalken vorgeschlagen und bereits in Deutschland ausgeführt.

Von grosser Bedeutung für die Entwicklung des Eisenbrückenbaues war ferner die äussere Begrenzung der Träger. Zuerst verwendete man die nächstliegende Form, den Parallelbalken, mit geradlinigen Gurtungen. Sehr bald erkannte man aber die Vortheile, welche die gekrümmten Gurtungen boten, und nun kamen sowohl Träger mit einer geraden und einer gekrümmten Gurtung wie solche mit zwei gekrümmten Gurtungen zur Anwendung. Je nach der Kurve, welche der Krümmung zu Grunde gelegt wurde, ergab sich der Parabel-, Ellipsen-, Hyperbelträger. Die schwierigere Herstellung gegenüber dem Parallelträger wurde durch Ersparnisse an Material wieder aufgewogen. Bei grossen Brücken mit tiefliegender Fahrbahn liess man diese Träger nicht in Spitzen an den Auflagern auslaufen, um die Möglichkeit zu

Abb. 4. Neue Weichselbrücke bei Dirschau.

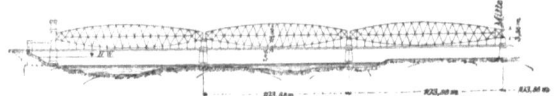

Abb. 5. Brücke über die Norderelbe bei Hamburg.

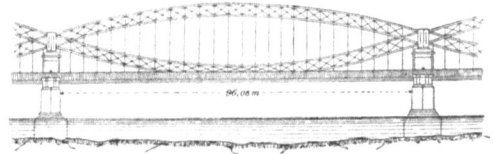

haben, über der Fahrbahn eine Quer- und Windverstrebung bis zum Auflager fortzuführen. — Brücken mit zwei gekrümmten Gurtungen und bedeutenden Auflagerhöhen sind die neuen Brücken über die Weichsel bei Dirschau (Abb. 4) und über die Nogat bei Marienburg.

Zu den Brücken mit zwei gekrümmten Gurtungen, den sogen. Linsenträgerbrücken, gehört die Brücke über die Norderelbe bei Hamburg (Abb. 5); doch sind deren Träger eine besondere Art von Fachwerk. Während bei den gewöhnlichen Trägern beide Gurtungen für sich allein nicht steif sind und die Steifigkeit sowie die geometrische Bestimmtheit erst durch die Anordnung der Gitterstäbe zwischen den Gurtungen erzielt wird, ist hier jede Gurtung für sich steif hergestellt, so dass die obere Gurtung wie ein Bogenträger, die untere wie ein Hängeträger wirkt. An den Auflagern sind beide Gurtungen mit einander verbunden, so dass die wagerechten Seitenkräfte, welche in der oberen Gurtung nach aussen in der unteren Gurtung nach innen wirken, einander aufheben. Die Brücke ist statisch unbestimmt, ein kombinirtes Hänge- und Sprengwerk. Von diesen ganz eigenartigen Brücken sind drei ausgeführt, sämmtlich nahe bei Hamburg über die Elbe. Weitere Nachfolger hat diese Brückenform in Deutschland nicht gefunden.

Aus Vorstehendem ist ersichtlich, wie auch in der **Anordnung des Stabwerks** die Verwendung statisch bestimmter Konstruktionen selbst für sehr grosse Weiten immer mehr Boden gewonnen hat.

c) Für die Möglichkeit genauer Berechnung ist endlich noch die **Verbindungsart der einzelnen Stäbe** mit einander von Bedeutung: die Spannungen in den Fachwerkstäben sind von den elastischen Formänderungen nur dann unabhängig, wenn die einzelnen Stäbe die bei den Belastungen auftretenden geringen Drehungen ungehindert ausführen können, d. h. wenn sie durch entsprechende Gelenke mit einander zu dem Fachwerk verbunden sind. So einfach die Anordnung solcher Knotenpunkte scheint, so schwierig ist die praktische Durchführung. Die grossen in den Stäben auftretenden Kräfte verlangen starke Bolzen, diese haben grosse Reibungsmomente zur Folge, so dass Drehung nicht eintreten kann; andererseits ist die seitliche Steifigkeit des Trägers in den einzelnen Gelenkknotenpunkten eine sehr geringe, was besonders bei den Druckgurtungen in Frage kommt. Man wendete deshalb lange Zeit hindurch in Deutschland fast ausschliesslich die Vernietung an, um die Knotenpunkte herzustellen; freilich war dann eine Voraussetzung der Berechnung nicht erfüllt. Diesen Nachtheil nahm man in den Kauf gegenüber den sonstigen Vortheilen dieser Konstruktionsart und suchte sich Klarheit zu verschaffen, wie weit die wirkliche Inanspruchnahme von der rechnungsmässigen verschieden sein könnte. Neuerdings ist es gelungen, gelenkartige Knotenpunkte herzustellen, welche genügende Beweglichkeit mit ausreichender seitlicher Versteifung verbinden. Seit etwa fünfzehn Jahren sind zahlreiche Brücken mit dieser — patentirten — Gelenkknotenverbindung ausgeführt und haben sich als gut und zweckmässig erwiesen. Ein besonderer Vortheil dieser Verbindungsart besteht darin, dass sie vollständige Fertigstellung der einzelnen Theile in der Fabrik gestattet und eine rasche und einfache Montage selbst mit ungeübten Arbeitern ermöglicht; diese Brückenkonstruktionen empfehlen sich deshalb auch besonders für Länder mit noch wenig entwickelter Industrie.

Im Vorstehenden ist vorwiegend von den eisernen Brückenkonstruktionen die Rede gewesen, weil durch diese der ganze Industriezweig ins Leben gerufen wurde und die Nothwendigkeit der Eisenkonstruktionen sich zunächst für die Brücken herausstellte. Bei den Hochbauten sind die Aufgaben etwas anderer Art als bei den Brücken, der Hauptsache nach aber ganz verwandter Natur. Die Belastungen sind hier meistens kleiner als dort, sie wirken hier ruhend, dort stossweise; aber auch hier muss die Konstruktion so ausgebildet werden, dass die Berechnung zuverlässig vorgenommen werden kann. So finden sich denn auch im Hochbau dieselben Trägerarten wie im Brückenbau: Träger auf zwei Stützen und Auslegerträger, Dreigelenkbogen, statisch bestimmte Fachwerke, Gelenkknotenpunkte. Aber durch die räumlichen Verhältnisse, die mannigfache geometrische Gestaltung des Grundrisses und Aufrisses ergaben sich vielfach sehr schwierige Aufgaben. Ein

Beispiel solcher Aufgabe ist der ausgestellte **Kuppelbau des Reichstagsgebäudes** (Katalog der Ausstellung des Deutschen Reiches No. 5575). Auch sonst blieb die Eisenbaukunst im Hochbau nicht hinter derjenigen im Brückenbau zurück. Insbesondere möge auf die grossen Bahnhofshallen hingewiesen werden, welche im Laufe der letzten zwei Jahrzehnte in Deutschland erbaut sind und von denen eine Anzahl hervorragender Beispiele auf der Ausstellung (Katalog der Ausstellung des Deutschen Reiches No. 5560) vertreten ist: die **Hallen der Berliner Stadtbahnhöfe Friedrichstrasse** und **Alexanderplatz**, die **Hallen der Bahnhöfe zu Frankfurt am Main, Bremen, Köln, Düsseldorf**. Für die sehr weiten Hallen wird neuerdings hauptsächlich der Dreigelenkbogenträger verwendet: zwei Gelenke liegen an den Füssen, eines im First. Erwähnt mögen auch noch die von **Schwedler** erfundenen und nach ihm benannten **Schwedlerschen Kuppeldächer** werden, bei welchen alle Konstruktionstheile in die Kuppelfläche verlegt sind, so dass eine volle Ausnutzung des freien Innenraumes möglich wird. Diese Kuppelkonstruktion, welche auch eine leichte und bequeme Aufstellung ermöglicht, ist für Gasbehälter, Lokomotivschuppen, aber auch für Kuppeln auf Kirchen und öffentlichen Bauwerken höchst geeignet und ausserordentlich viel ausgeführt.

Es erübrigt noch, einige Worte über das Material zu sagen. Wie erwähnt, musste man das Gusseisen für Haupttheile der eisernen Brücken sehr bald ausschliessen; auch im Hochbau verliess man es immer mehr, und heute gebraucht man es hauptsächlich nur noch zu stützenden Konstruktionstheilen wegen der leichten Herstellung gewisser dekorativer Theile aus Gusseisen. Hauptsächlich aber wandte man sich dem ausserordentlich zuverlässigen Schweisseisen zu, welches lange Zeit hindurch nahezu als einziges Material die Fabrikation der Eisenkonstruktionen beherrschte. Auch die ausgestellten Eisenbauten sind fast ausschliesslich aus Schweisseisen hergestellt. Die grossen Fortschritte in der Darstellung des Flusseisens haben aber diesem Material der Zukunft schon viele Freunde gewonnen, und eine stattliche Reihe von Eisenbauwerken ist in Deutschland bereits in diesem Material ausgeführt.

In Deutschland wird gegenwärtig der Bau eiserner Brücken und Hochbauten als besonderer Betriebszweig in einigermaassen ausgedehnter Weise von 25 bis 30 Firmen gepflegt. Diese stellen mit 7000 bis 7500 Arbeitern jährlich rd. 90000 bis 96000 t Eisenkonstruktionen her mit einem Werthe von 28 bis 30 Millionen Mark. Hiervon gehen rd. 11000 t im Werthe von $3^1/_2$ bis 4 Millionen Mark ins Ausland.

Die Anlage A giebt eine Uebersicht der bedeutendsten Eisenkonstruktionen Deutschlands mit Angabe der Maasse, Gewichte, der Konstrukteure u. s. w. Als untere Grenze ist im Allgemeinen für Brücken die Stützweite von 50 m angenommen, da sonst die Reihe zu lang geworden wäre. Die Anordnung ist zunächst geographisch, d. h. für die grossen Ströme je gesondert und für jeden von ihnen möglichst nach der Zeitfolge; darnach kommen die kleineren Flüsse und die Docks, schliesslich die Bahnhofshallen und andere Eisenkonstruktionen.

In der deutschen Ingenieur-Ausstellung sind Zeichnungen, Photographieen u. s. w. von eisernen Brücken und Hochbauten ausgestellt unter No. 1633, 1636, 1637, 1639, 1650, 1655, 1659, 1669, 1674 und 1705 des Katalogs der Ausst. des Deutschen Reiches.

Th. Landsberg.

VI.

INDUSTRIELLE ANLAGEN.

VI. Industrielle Anlagen.

Im Nachstehenden sind hauptsächlich diejenigen Zweige industrieller Thätigkeit ausführlich besprochen, deren Ausbildung und Weiterentwickelung sich das deutsche Ingenieurwesen mit besonderem Erfolge hat angelegen sein lassen, mit Ausschluss derjenigen Gebiete, welche bereits in den Einleitungen des Amtlichen Kataloges der Ausstellung des Deutschen Reiches eingehende Besprechung gefunden haben (z. B. in den Gruppen: Landwirthschaftliche Gewerbe, Bergbau, Hüttenwesen, Maschinenbau, Chemische Industrie u. a.).

Auf diese Gebiete soll hier nur insofern kurz eingegangen werden, als sie in der deutschen Ingenieur-Ausstellung durch Ausstellungsgegenstände vertreten sind.

In welchem Umfange in der **Landwirthschaft** die mannigfachsten Maschinen mehr und mehr Eingang gefunden, ist im Katalog der Ausstellung des Deutschen Reiches auf S. 25 dargelegt. Aber auch das deutsche Bauingenieurwesen hat sich in jüngster Zeit in steigendem Maasse in den Dienst der Landwirthschaft gestellt und mustergültige Anlagen geschaffen (s. in der deutschen Ingenieur-Ausstellung die unter No. 1608 des deutschen Katalogs ausgestellten Zeichnungen).

In Bezug auf den gewaltigen Umschwung, der sich bei den **technischen Nebenbetrieben der Landwirthschaft**: Zucker-, Spiritus-, Presshefe-, Stärkezuckerfabrikation, Malzbereitung und Bierbrauerei, Essigfabrikation, auf Grund der in den letzten Jahrzehnten in Wissenschaft und Technik gemachten Fortschritte vollzogen hat, so dass sich diese Betriebe vielfach zu hochentwickelten selbständigen Industriezweigen ausbilden konnten, sei auf die Ausführungen im Katalog der Ausstellung des Deutschen Reiches, S. 29 u. f., verwiesen. Die deutsche Ingenieur-Ausstellung giebt unter No. 1604, 1631 und 1677 des deutschen Katalogs Beispiele von ausgeführten Anlagen u. s. w. auf diesen Gebieten.

Anschliessend hieran seien noch die unter No. 1719 ausgestellten Modelle und Zeichnungen von Knet- und Mischmaschinen erwähnt.

Die Fortschritte auf dem Gebiete der chemischen Industrie sowie in der Glasindustrie und Keramik schildert der Katalog der Ausstellung des Deutschen Reiches S. 117 u. f. und S. 137 u. f. In der deutschen Ingenieur-Ausstellung sind unter No. 1626 Zeichnungen einer Fabrikanlage zur Zinkblenderöstung mit Benutzung des gesammten Schwefelgehaltes der Blende zur Schwefelsäurefabrikation, unter No. 1685 Zeichnungen von Otto-Hoffmannschen Koksöfen mit Gewinnung von Theer, Ammoniak und Benzol nebst Proben der einzelnen Produkte, unter No. 1665 Zeichnungen einer Glashütte, unter No. 1616 Modelle und Zeichnungen von Dampfziegeleien und Thonwaarenfabriken, unter No. 1648 Modelle, Zeichnungen und Photographieen von Hoffmannschen Ringöfen, unter No. 1697 Zeichnungen eines Ringofens mit patentirter Trockeneinrichtung und Maschinenanlage für eine Dampfziegelei ausgestellt.

Dass die deutschen Ingenieure in hervorragendem Maasse der Ausbildung des Eisenhüttenwesens ihre Aufmerksamkeit zugewandt und hierbei mustergültige Anlagen geschaffen haben, ist im In- und Auslande anerkannt. An dieser Stelle einen erschöpfenden Bericht über den gegenwärtigen Stand des deutschen Eisenhüttenwesens zu geben, können wir uns um so eher versagen, als mehrere treffliche Werke hierüber in der ausgestellten technischen Litteratur vorliegen, sowohl in eingehender und streng wissenschaftlicher, als auch in knapper und allgemein verständlicher Darstellungsweise. Auch giebt der deutsche Katalog S. 72 u. f. eine zusammenfassende Uebersicht. Bezüglich der in Deutschland in jüngster Zeit üblichen Hochofenanlagen sei ferner auf die ausgestellten Zeichnungen unter No. 1665 des deutschen Katalogs verwiesen. Hier beschränken wir uns auf einen kurzen Bericht des Hrn. Civilingenieurs R. M. Daelen-Düsseldorf über

Stahlwerke.

Die Erzeugung von Stahl geschieht in Deutschland einschliesslich Luxemburg nach den verschiedenen Verfahren: a) im Tiegel, b) in der Bessemerbirne, c) im Siemens-Martin-Herdofen; diejenige von Puddel- und Frischstahl ist so gering, dass sie keine Bedeutung mehr hat. Somit kommt die Flussstahlerzeugung fast ausschliesslich in Betracht, und da diejenige von Flusseisen bei einer Darstellung des Standes der Industrie nicht abzutrennen ist, so giebt das Nachstehende eine allgemeine Uebersicht über die Flusseisen- und Flussstahl-Industrie.

Das Schmelzen von Stahl im Tiegel wird fast ausschliesslich im Gasflammofen vollzogen, da die alten Zugöfen mit Koksfeuerung fast allgemein aufgegeben worden sind. Die über Hüttensohle gebauten Flammöfen mit seitlichen Einsatzthüren werden den tiefliegenden mit Deckeln vorgezogen. Ein solcher Ofen fasst 20 bis 40 Tiegel von je 30 bis 40 kg Einsatz und ergiebt 3 bis 4 Hitzen in 24 Stunden. Es befassen sich etwa 15 Werke mit diesem Betriebe, dessen Erzeugung zu Waffen, Hand- und Maschinenwerkzeugen, Eisenbahnradreifen, Blech und Draht, zu Achsen, Schmiedestücken und Stahlformguss Verwendung findet. Da die Darstellung je nach dem Bedarf sehr wechselt, so hat sie in der nebenstehenden Tabelle keine Aufnahme gefunden. Sie dürfte schätzungsweise etwa 10 000 bis 15 000 t Blöcke jährlich betragen.

Der grösste Theil der Erzeugung fällt der Bessemerbirne zu, von denen in 20 Hüttenwerken etwa eine Anzahl von 80 vorhanden ist, davon durchschnittlich $^1/_3$ regelmässig im Betriebe. Die Einsatzfähigkeit schwankt zwischen 4 und 10 t, doch ist eine solche von 10 t die meistübliche. Etwa 70 Birnen sind mit basischer Zustellung versehen und werden nach dem Entphosphorungsverfahren von Thomas und Gilchrist betrieben. Etwa die Hälfte der Werke entnehmen das flüssige Roheisen aus dem Hochofen, während die übrigen mit zweiter Schmelzung arbeiten. Drei von ihnen sind mit einem Roheisenmischer versehen, bei mehreren anderen Werken sind solche in Bau begriffen. Je ein neues Grossbessemer- und Kleinbessemerwerk, letzteres nach Patent Walrand-Legenisel, mit 2 Birnen von je 600 kg Einsatz sind im Entstehen.

Die Jahreserzeugung in Rohblöcken beträgt etwa 1 800 000 t; über die Verwendung u. s. w. giebt die Tabelle Näheres.

Während der Neubau von Bessemerstahlwerken in den letzten Jahren wenig Fortschritte gezeigt hat, ist derjenige von Herdschmelzöfen um so eifriger betrieben worden, und es sind jetzt in etwa 35 Werken 110 Oefen vorhanden, von welchen durchschnittlich $^4/_5$ betrieben werden. Ihre Einsatzfähigkeit beträgt 3 bis 30 t; meist sind Oefen von 8 bis 15 t in Gebrauch. Zur Heizung dient Gas aus Generatoren, welche mit Gaskohlen beschickt werden und Unterwind erhalten; Wassergas wird nicht mehr zum Zwecke des Schmelzens benutzt.

Der Einsatz besteht aus 50 bis 75 pCt Schrott (Abfällen von Fluss- und Schweisseisenfabrikaten) und 50 bis 25 pCt.

Flusseisenwerke.

	1889	1890	1891
Producirende Werke	111	115	117
Arbeiter	48 371	52 823	57 929
Halb-Fabrikate:			
Blöcke (Ingots) zum Verkauf .... t	147 066	147 072	171 530
Blooms, Billets, Platinen u.s.w. z. Verkauf „	522 974	471 244	549 956
Summe der **Halb-Fabrikate** „	670 040	618 316	721 486
Werth „ „ „ ℳ	58 150 077	59 555 879	61 924 742
Werth pro Tonne „	86,$_{79}$	96,$_{32}$	85,$_{83}$
Fabrikate:			
Eisenbahnschienen und Schienenbefestigungstheile . . . . t	427 899	559 746	596 209
Bahnschwellen und Befestigungstheile . „	96 278	129 627	138 494
Eisenbahnachsen, Räder, Radreifen . . „	94 061	92 517	116 817
Handelseisen, Fein-, Bau-, Profileisen . „	280 610	307 910	361 660
Platten und Bleche ausser Weissblech „	194 031	186 311	218 554
Weissblech . . . . „	22 269	21 348	23 479
Draht . . . . „	183 311	217 264	277 800
Geschütze und Geschosse . . . . . . „	11 943	10 187	11 154
Röhren . . . . „	5 084	7 497	9 002
Andere Eisen- und Stahlsorten (Maschinentheile, Schmiedestücke u. s. w.) „	109 953	81 376	87 894
Summe der **Fabrikate** „	1 425 439	1 613 783	1 841 063
Werth „ „ ℳ	221 761 536	269 226 885	275 292 409
Werth pro Tonne „	155,$_{57}$	166,$_{88}$	149,$_{53}$
Summe der **Halb-** u. **Ganz-Fabrikate** „	2 095 479	2 232 099	2 562 549
Werth „ „ „ „ ℳ	279 911 613	328 782 764	337 217 151
Werth pro Tonne „	133,$_{58}$	147,$_{30}$	131,$_{59}$

Roheisen, wozu je nach Bedarf ein Zuschlag von Eisenerzen und Kalk kommt. Die Zahl der Hitzen eines Ofens in 24 Stunden beträgt 3 bis 6.

Die grösste Zahl der Oefen ist basisch zugestellt.

Es werden jährlich etwa 700 000 t Rohblöcke und Stahlformguss erzeugt. Die Verwendung der Blöcke geschieht vornehmlich zu: Panzerblechen, Kesselblechen, Feinblechen,

Schienen, Stab- und Profileisen, Brückenbaumaterial, Draht, Röhren und Formstücken.

Zur Bearbeitung der schwersten Blöcke dienen Dampfhämmer; in letzter Zeit sind auch Wasserdruck-Schmiedepressen in Aufnahme gekommen, von denen bis jetzt fünf von 500 bis 5000 t Druck vorhanden sind.

12 Werke sind mit Blockwalzen versehen und verarbeiten die Blöcke ohne Nachwärmen mit Ausgleichung zu Halbfabrikat; die übrigen walzen sie mit Nachwärmen ohne Vorwalzen zu Fertigfabrikat.

Es ist noch zu erwähnen, dass eine erhebliche Zahl von Eisengiessereien sich mit der Erzeugung von Temperstahl beschäftigt, indem Formstücke, deren Wandstärken nicht über 20 bis 25 mm betragen, aus einer Mischung von Stahl und siliciumarmem Roheisen gegossen und während 12 bis 18 Tage der Glühhitze ausgesetzt werden, so dass der Kohlenstoff verbrennt und ein weiches, stahlartiges Eisen entsteht. Die Formstücke finden mancherlei Verwendung zu Rädern für Kohlenwagen, Pflugscharen, Transmissionsketten und sonstigen kleinen Maschinentheilen.

R. M. Daelen.

Mechanische Aufbereitung.

Der erste und wichtigste Arbeitsvorgang bei der Aufbereitung der Mineralien nach der Handscheidung ist die Zerkleinerung, durch welche sie aufgeschlossen werden. Mit Ausnahme des Steinbrechers zum Brechen der „Wände", dessen Erfindung einen hervorragenden Fortschritt bezeichnet, sind unsere heutigen Zerkleinerungsvorrichtungen: die Walzen- Koller-, Mahlgänge, die Pochwerke, wesentlich dieselben wie von Alters her üblich, nur besser, haltbarer und leistungsfähiger. Dieselbe Bedeutung, welche der Steinbrecher für die Erzaufbereitung besitzt, hat für die Kohlenaufbereitung die Schleudermühle, welche gleichzeitig die zerkleinerte Masse innig mischt, was u. a. für die Hochofenindustrie hinsichtlich des von ihr zu verwendenden Koks von Bedeutung ist. Während man sich hierbei vor 10 bis 20 Jahren mit Aufgebemengen für die Aufbereitung von 150, 300 bis 500 t in einer Schicht begnügte, steigert man diese heute bis zu 2000 t in der gleichen Arbeitszeit, und so erhöhte sich denn auch die stündliche Leistung der Schleudermühle von 3, 5, 6 und 12 t auf die bedeutende Höhe von 50 t, und dementsprechend ihr Kraftbedarf von 5, 8 und 12 PS auf 45 bis 50 PS.

Auf dem Absatzgebiet für die mageren Kohlen, in Deutschland volksthümlich auch Anthracit genannt, haben sich in neuerer Zeit durch die Einführung der s. g. amerikanischen Füllöfen im Haushalt und den stets weiter um sich greifenden Bau von Ringziegelöfen (s. Katalog der Ausst. des Deutschen Reiches No. 1616, 1648 und 1697) die Verhältnisse gänzlich verschoben. Der allgemeine Gebrauch der Füllöfen verlangt eine bedeutend grössere Menge Nusskohlen, als bei der Förderung unserer und auch der englischen Magerkohlenzechen fallen; andererseits vermindern die Ringöfen ganz bedeutend den früher für die Feldbrandziegeleien erforderlichen Bedarf an feiner Magerkohle, die nunmehr grossentheils, mit Flamm- und Fettkohlenklein gemischt, zur Brikett- bezw. Koksherstellung dienen muss. Es knüpft sich daher an die Herstellung der Nusskohlen aus den reichlich fallenden harten Stückkohlen, falls sie nutzbringend sein soll, die unabweisbare Bedingung, dass möglichst wenig Grus und Staub erzeugt wird. Die früher hierzu verwandten Zerkleinerungsvorrichtungen, auch die Stachelwalzen, erfüllten diese Bedingung nicht, weil sie die Kohlenstücke durch Reibung und Druck zerquetschten. Erst der in den letzten Jahren erfundene

Kohlenbrecher mit Stachelbacken hat die Aufgabe der Zerkleinerung zur vollsten Zufriedenheit gelöst, da er die Stücke nicht drückt oder reibt, sondern sie durch Eintreiben seiner Stacheln zerspaltet. Es fand daher dieser Kohlenbrecher bald allgemeinste Verwendung auf deutschen und englischen Magerkohlenzechen, von denen manche erst durch diese Einrichtung in den Stand gesetzt worden sind, die günstige Marktlage für Nusskohlen auszunutzen. Von grösster Wichtigkeit ist dieser Kohlenbrecher für Kohlenbezirke, welche vorwiegend Kohle oder Anthracit fördern, wie beispielsweise Pennsylvanien in Nordamerika, da er nicht nur die Förderkohle zu einem günstig verwerthbaren Korn gestaltet, sondern auch die Möglichkeit gewährt, für die Siebereianlagen eine möglichst einfache Bauart zu wählen.

Zur s. g. Läuterung solcher Erze, die in sehr zähen Letten eingebettet sind, ist im letzten Jahrzehnt eine sehr wirksam arbeitende Vorrichtung: die Läutertrommel mit Flugmesserwelle, erfunden und sehr häufig und mit gutem Erfolg angewandt worden.

Die Fortschritte im Bau und in der Anordnung der Vorrichtungen zum Klassiren der Erze und Kohlen schliessen sich eng an die vervollkommnete Darstellung der gelochten Bleche an. Abgesehen von den festliegenden geneigten Sieben war früher die verbreitetste Klassirvorrichtung die einfache konische oder geneigt liegende cylindrische Trommel, deren Mäntel aus mehreren Siebfeldern bestanden, welche nach dem Austragende zu gröber werdende Lochungen hatten. Die Uebelstände dieser Klassirtrommel: unreines Absieben, vorzeitiger Verschleiss der vorderen dünnen Siebbleche, starkes Abreiben der Mineralien, wiesen den Weg, die ganze Klassirung nicht in einer einzigen Trommel vorzunehmen, sondern sie auf mehrere Trommeln mit nur je einer oder zwei Sieblochungen zu verteilen. Für die Erzaufbereitung mochte dieser Fortschritt genügen, nicht aber für die Aufbereitung der Kohle, bei der es immer mehr darauf ankam, das verhältnissmässig weiche Material vor Verlust durch Zerbröckeln, Abreiben u. s. w. zu bewahren. Dies führte dann zur Anwendung von **beweglichen, flachen und schwach geneigten Stosssieben**, Schwung- und Kreiselsieben, mit nur je einer Lochung über einander angeordnet. Da diese Siebe jedoch sehr geräuschvoll arbeiteten viel Kraft und ein sehr festes Fundament beanspruchten, so befriedigten sie auch nicht, und man baute dann, und zwar in jüngster Zeit erst in vollkommenster Ausführung, eine Klassirvorrichtung für Kohle, welche nur die Vortheile, nicht aber die Nachtheile der gewöhnlichen Trommel und der genannten Siebe in sich vereinigt, nämlich das **Spiraltrommelsieb** mit mehreren koncentrischen Mänteln.

In diese Vorrichtung wird durch eine besondere mit ihr verbundene Aufgebetrommel immer nur soviel Kohle aufgegeben, wie sie bei einer Umdrehung verarbeiten kann, dann aber, und das ist die Hauptsache, wird jede Korngrösse für sich, sobald sie abgesiebt ist, unverzüglich ausgetragen. So werden bei geringem Kraftbedarf die Klassirerzeugnisse wirksam vor Zertrümmerung und Abreiben geschützt, und andererseits erlaubt die gedrängte Anordnung des Spiraltrommelsiebes auch den Bau für Leistungen bis zu 100 t in der Stunde, an die man bei den früheren Klassirvorrichtungen gar nicht denken durfte.

Im Anschluss hieran sei auch der grossartigen Verbesserungen gedacht, welche die Vorrichtungen zum **Absieben und Verladen der Kohlenstücke** und auch der gewöhnlichen Förderkohle im Laufe etwa der letzten 15 Jahre erfahren haben. Das gewaltsame Aufkippen der Förderkohlen auf ein festliegendes, flachgeneigtes Stangensieb, durch dessen Spalten das nuss- und grusartige Gut durchfiel, auf dem aber die groben Stücke in beschleunigtem Laufe herniedersausten, in die Eisenbahnwagen mit Gewalt aufschlugen und in Trümmer gingen, war ein so rohes Verfahren, dass die flachliegenden, mechanisch bewegten Stangensiebe mit anschliessendem Transportband für die Stückkohlen bis in die Eisenbahnwagen in Verbindung mit mechanisch bewegten Wippern sofort die festen Stangensiebe mit geneigter Rutsche verdrängten und bis heute noch, in den verschiedensten Anordnungen, das Feld siegreich behaupten. Diese vorzüglichen Vorrichtungen schützen nicht allein die Kohlen vor Abreiben und Bruch, sondern machen auch, im Verein mit richtig angeordneten Transport- und Hebevorrichtungen sowie Kettenförderungen für die bis dahin unüberwindlich gehaltenen Steigungen, die ganze Aufbereitung unabhängig von der Höhe der Hängebank über den Eisenbahnschienen, was früher in erster Linie zu beachten war und oft die grössten Schwierigkeiten beim Bau der Anlage bereitete.

Für die auf die Klassirung folgende Separation oder Setzarbeit war von durchschlagender Bedeutung die selbstthätige Austragung der Produkte aus den Setzmaschinen, wodurch diese erst zu leistungsfähigen, ununterbrochen arbeitenden Vorrichtungen gestaltet wurden. Erst auf Grund dieser Erfindung konnte man daran denken, auch Kohlen in grösseren Mengen zu waschen. Selbstredend war man nun auch nicht mehr an gewisse Abmessungen gebunden, der Vergrösserung der Setzmaschine und ihrer Leistungsfähigkeit stand nichts mehr im Wege, und gerade in der Kohlenaufbereitung ist man heute für die Grobkorn-Setzmaschinen zu Ausführungen gelangt, an die man früher nicht denken konnte. Ebenso wichtig war die Erfindung und Einführung der Mehl- oder Feinkorn-Setzmaschine, die in der Erzaufbereitung alsbald allgemeinen Eingang fand, in der Kohlenaufbereitung aber erst dann, als man es verstanden hatte, ein für die Kohle passendes Setzbett zusammenzustellen. In der konstruktiven Ausstattung der Setzmaschinen ist in den letzten Jahren Ansehnliches geleistet worden; dies trifft besonders bei den Setzmaschinen für Kohlen zu. Hierbei ist noch einer wichtigen Verbesserung zu gedenken: der **Austragung der ausgewaschenen Berge unter Wasser**, die auf die mannigfachste Art ausgeführt wird.

Auch der letzte Arbeitsvorgang: die **Aufbereitung der Schlämme**, weist bedeutende Fortschritte auf, nicht nur bei der Kohle, sondern in allerjüngster Zeit ganz besonders bei Erzen. Die alten Herde zur Verarbeitung der Erzschlämme: der Rundherd, rotirende Herd, Stossherd und Rittinger - Herd, werden noch immer, wenn auch in besserem, verfeinertem Gewande benutzt. Dabei hat der rotirende Herd eine grundsätzliche Umgestaltung erfahren durch seinen Umbau zu einem feststehenden Rundherd mit rotirenden Brausen und Aufnehmerinnen und zählt in seinen neuesten Verbesserungen vermöge seiner stattlich grossen Oberfläche und seiner vorzüglich angeordneten Brausevorrichtungen zu den leistungsfähigsten Vorrichtungen dieser Art. — Bei der Kohle hat die Bewältigung der Schlämme geradezu eine völlige Umwälzung im Bau der Kohlenwäschen hervorgebracht. Anstatt, wie früher, das nur mangelhaft geklärte Waschwasser abfliessen zu lassen, was naturgemäss allerlei Widerwärtigkeiten und Streitigkeiten durch Verschlammen der Wasserläufe und Beschädigungen der Nachbargrundstücke zur Folge hatte, wird jetzt das Waschwasser so gut als möglich entschlammt und im Kreislauf immer wieder zur Setzarbeit verwandt.

Die auf dem Gebiete der mechanischen Aufbereitung gemachten Fortschritte sind in den von der Maschinenbau-Anstalt **Humboldt** in Kalk bei Köln ausgestellten Zeichnungen übersichtlich zusammengestellt (Katalog der Ausstell. des Deutschen Reiches No. 1649).

Portlandcementfabriken.

Die erste in Deutschland errichtete Portlandcementfabrik ist die noch bestehende Stettiner Portlandcementfabrik (Delbrück & Lossius) in Züllchow bei Stettin. Sie stammt aus dem Jahre 1855, während Joseph Aspdin in Leeds schon im Jahre 1824 durch Brennen einer bestimmten Mischung von gelöschtem Kalk und Thon bei sehr hoher Temperatur einen hydraulischen Kalk erzeugte, den er „Portlandcement. nannte, weil er in Farbe und Festigkeit dem in England besonders geschätzten Portlandstein ähnelt.

Auf Stettin (Züllchow) folgte die Errichtung der Portlandcementfabriken in Obercassel, Lüneburg, Oppeln, Lebbin, Mannheim, Finkenwalde, Amöneburg, Ulm, u. s. w., anfänglich unter ersichtlicher Anlehnung an die von England übernommenen Erfahrungen und Vorbilder.

Ueber das rasche Wachsthum der deutschen Portlandcementfabriken in Zahl und Leistung möge nachstehende Tabelle belehren, welcher die jährlichen Selbsteinschätzungen des Vereins deutscher Portlandcementfabrikanten zu Grunde liegen.

	Anzahl der Fabriken	Jahresdarstellung in Fässern zu 170 kg netto
1877	29	2 400 000
1882	32	3 050 000
1883	34	4 000 000
1884	37	4 700 000
1885	42	5 000 000
1886	42	5 700 000
1887	45	7 050 000
1888	52	7 950 000
1889	60	8 800 000
1890	60	9 150 000
1891	60	9 950 000

Nach fachmännischer Schätzung vertheilt sich diese Jahresdarstellung von rd. 10 Millionen Fass zu 170 kg auf die Hauptbezirke Deutschlands folgendermassen:

1. Stettin und Umgegend . . . . rd. 1 100 000 Fass
2. Holstein und Umgegend von Hamburg . „ 1 850 000 „
3. Umgegend von Berlin, Mecklenburg mit Braunschweig . . . . „ 500 000 „
4. Umgegend von Hannover . . . . . . „ 1 500 000 „
5. Schlesien . . . . „ 1 250 000 „
6. Sachsen . . . . „ 500 000 „
7. Rheinland und Westfalen . . . . . . „ 1 550 000 „
8. Süddeutschland . . . . „ 2 100 000 „

Die unter 1 und 2 genannten Fabriken verarbeiten Kreide, die unter 3 genannten sind auf Wiesenkalk, Rüdersdorfer Kalkstein und leichtere Kalkarten angewiesen, die Fabriken unter 4 haben Kalkmergel, während die unter 5 bis 8 genannten Fabriken ihren Portlandcement aus festem Kalkstein herstellen.

Die Gesammtausfuhr von deutschem Portlandcement wird gegenwärtig auf etwa ein Viertel der Jahresdarstellung, also auf rd. 2 500 000 Fass jährlich geschätzt.

Nur sehr mühsam hat die deutsche Portlandcementfabrikation sich zu solch ungeahnter Höhe hinaufarbeiten können. Galt es anfänglich, das allgemein verbreitete Vorurtheil über die Minderwerthigkeit des deutschen Fabrikates zu bekämpfen, schliesslich zu besiegen, so waren später mit ständig wachsenden Ansprüchen an die Qualität des Fabrikates bei fortwährendem Sinken der Preise zu grossen technischen und wirthschaftlichen Schwierigkeiten noch unerwartete Hindernisse gekommen, die darin bestanden, dass sich im Handel minderwerthige Surrogate einschlichen, die zu bekämpfen, eine wesentliche Aufgabe des Vereins deutscher Portlandcementfabrikanten bildete.

Diesem Verein gehören jetzt ausser den erwähnten 60 deutschen Portlandcementfabriken mit einer Jahresdarstellung von 9 950 000 Fass noch 19 ausländische Fabriken mit einer Jahresdarstellung von 1 800 000 Fass an.

Der Verein hat die in ganz Deutschland jetzt allgemein gültigen Normen*) für einheitliche Lieferung und Prüfung von Portlandcement aufgestellt und damit eine bisher unbekannte Rechtssicherheit für das den Cement verbrauchende Publikum geschaffen; er hat ausserdem seinen sämmtlichen Mitgliedern die Verpflichtung auferlegt, keinen anderen Portlandcement zu vertreiben als solchen, der den Bedingungen der Normen entspricht. Der Vorstand des Vereins ist verpflichtet, darüber zu wachen, dass diesen Normen überall genügt werde, er ist sogar berechtigt, diejenigen Fabrikanten, welche trotz erhaltener Mahnung gegen die Normen verstossen, aus der Mitgliederliste zu streichen.

Sicherlich ist es zum grossen Theil dem guten Ruf, dessen sich der deutsche Portlandcement im Inlande wie im Auslande seit Einführung der Normen erfreut, zu danken, dass die Verwendung von Portlandcement im Baugewerbe ständig wächst und dass die Ausfuhr dauernd zunimmt, sogar nach Ländern, die, wie z. B. Oesterreich-Ungarn, selbst Portlandcement erzeugen und die Einführung fremden Fabrikates durch einen Eingangszoll erschweren.

Die Fabrikation von Portlandcement zerfällt in drei Haupttheile, nämlich in

1. Zerkleinerung und innige Mischung der Rohmaterialien (vorwiegend Kalk und Thon);
2. Brennen bis zur Sinterung;

---

*) Die Normen enthalten ausser den vereinbarten Bestimmungen über Verpackung und Gewicht, über Bindezeit, Volumenbeständigkeit, Feinheit der Mahlung, Festigkeitsproben sowie über Zug- und Druckfestigkeit auch ausführliche Erläuterungen zu diesen Bestimmungen und genaue Anleitung zur Anfertigung der Proben und Beschreibung der zu verwendenden Instrumente.

3. Vermahlen der gebrannten Klinker.

Zwischen 1 und 2 schiebt sich meistens das Formen („Ziegeln") der fertig pulverisirten und gemischten Rohmasse zu Körpern, die sich im Ofen gut brennen, ferner die Einrichtung zum Trocknen dieser Ziegel vor dem Brennen.

Zu 1: Je nach der Art der Rohmaterialien ist deren nasse, halbtrockene oder trockene Aufbereitung vorzuziehen. Die auf K r e i d e angewiesenen Portlandcementfabriken der norddeutschen Küstenbezirke haben gleich den Fabriken von England, Nordfrankreich und Belgien bisher an der nassen Aufbereitung festhalten müssen, die wegen der innigeren und darum besseren Mischung im allgemeinen eine bessere Qualität liefert, dagegen wegen ihrer Kostspieligkeit für den Fabrikanten unbequem ist. Die süddeutschen Fabriken, welche fast durchweg h a r t e n K a l k s t e i n verarbeiten, sind nahezu ausnahmslos auf die billigere trockene Aufbereitung angewiesen.

Bei der nassen sowohl wie bei der trockenen Aufbereitung geht das Bestreben aller Fachleute dahin, die Rohmaterialien so fein als möglich zu zerkleinern und in dem richtigen Gewichtsverhältniss innigst zu mischen. Eine ganze Reihe leistungsfähiger Maschinen, die zu diesem Zweck vorwiegend von deutschen Specialingenieuren ersonnen wurden, haben bewirkt, dass jetzt im allgemeinen eine wesentlich feinere, gleichartigere und darum bessere Rohmasse hergestellt wird als vordem.

Auch auf dem Gebiete der Trockenvorrichtungen haben deutsche Fachleute wesentliche Verbesserungen eingeführt, die freilich nicht auf die Qualität des Fabrikats, wohl aber auf die Dauerzeit und die Kosten der Fabrikation von grossem nützlichem Einfluss waren.

Zu 2: Während die auf Koks als Brennmaterial angewiesenen, füllungsweise, also mit Unterbrechungen arbeitenden Schachtöfen seit Anbeginn im ganzen nur geringfügige Verbesserungen erfahren haben, ist es das ausschliessliche Verdienst deutscher Ingenieure, ununterbrochen wirkende Brennöfen auch in den Cementfabriken eingeführt und damit nahezu unbeschadet der Güte und Gleichmässigkeit des Brandes sehr erhebliche Ersparnisse in den Brennkosten durchgesetzt zu haben. Der Hoffmannsche Ringofen (Katalog der Ausstellung des Deutschen Reiches No. 1648) und der Dietzschsche Etagenofen sind die wesentlichsten Vertreter dieser ununterbrochen und mit minderwerthigem Brennmaterial arbeitenden Oefen.

Zu 3: Die Vermahlung der gebrannten Klinker wurde um so schwieriger, je mehr die Erfahrung bewies, dass die Festigkeit des Portlandcementes mit der Feinheit der Vermahlung rasch wächst. Musste somit das Bestreben auf thunlichst feine Vermahlung gerichtet sein, so befand man sich bald an der praktischen Grenze, weil mit dieser Feinheit die Betriebskraft und die Abnutzung der Mahlflächen ganz unverhältnissmässig und so rasch steigen, dass die Kosten der „staubfeinen Vermahlung" eine wirthschaftlich unhaltbare Höhe erreicht haben würden, wenn es nicht gelang, die bisher gebräuchlichen Feinmahlmaschinen — vorwiegend und fast ausschliesslich Mühlsteine — durch andere, weniger Kraft beanspruchende, auch in der Anschaffung und Unterhaltung weniger kostspielige Maschinen zu ersetzen.

Auch auf diesem Einzelgebiete haben deutsche Techniker bisher allein nennenswerthe Erfolge aufzuweisen. Bei gegenwärtigem Stande scheint es unzweifelhaft, dass man in Zukunft überall, wo man — und zwar mit vollem Recht — auf möglichst feine Vermahlung weit über die Normen hinaus besonderen Werth legt, von der Verwendung von Mühlsteinen absehen und andere, bereits erprobte Maschinen anwenden wird.

Im grossen Ganzen befindet sich gegenwärtig die Portlandcementfabrikation in keinem Lande auf so fester wissenschaftlicher Grundlage und mit so sicheren, ein tadelloses Fabrikat und eine relativ billige Fabrikation garantirenden

Mitteln ausgerüstet wie in Deutschland, wo sich jede grössere Cementfabrik einen oder mehrere wissenschaftlich gebildete Chemiker hält, zur ständigen Untersuchung der Rohmaterialien, der Zwischenprodukte und des Fabrikates.

Der Cement findet in Deutschland in jüngster Zeit eine ausgedehnte Verwenduug zu sogenannten Monierbauten, einer bereits vielfach im Hoch-, Brücken-, Tunnel- und Tiefbau eingeführten Bauart, bei welcher die gegenüber der Bruchfestigkeit so äusserst geringe (etwa $^1/_{10}$) Zugfestigkeit des Cementes und seiner Sandmischungen durch schmiedeiserne Stäbe ausgeglichen wird, die in den Cementmörtel eingelegt werden. Welche Bedeutung diese Bauart für die Cementfabrikation hat, geht daraus hervor, dass im Jahre 1890 eine einzige deutsche Firma allein 2500 Waggons Cement verarbeitet hat.

In der deutschen Ingenieur - Ausstellung befinden sich Zeichnungen zur Einrichtung von Portlandcementfabriken unter No. 1628 und 1675 des Katalogs der deutschen Ausstellung; ferner sei auf Gruppe 47 (im Bergbaugebäude) hingewiesen, wo neben mannigfachen Fertigfabrikaten auch (unter No. 1384 des deutschen Katalogs) Maschinen und Apparate zur Prüfung von Portlandcement, Apparate zur Kontrole des technischen Betriebes u. s. w., z. Th. in Thätigkeit, ausgestellt sind.

Getreidemühlen.

Bis zu Anfang der sechziger Jahre dieses Jahrhunderts waren die deutschen Getreidemühlen, da sie vorwiegend, ja fast ausschliesslich inländisches Getreide und vom Auslande nur weichen Weizen oder russischen Roggen verarbeiteten, auf Flachmüllerei eingerichtet, und die sog. „englisch - amerikanischen Mühlen" bedeuteten für Deutschland nur Mühlen, die das Getreide in herkömmlicher Weise unter Mühlsteinen verarbeiteten, mit gewöhnlichen kantigen Sieben absiebten, sich aber von ihren ganz primitiven Vorgängern durch nicht viel mehr als durch grösseren Aufwand von Schnecken und Elevatoren zur Verminderung der Handarbeit unterschieden.

Seit dieser Zeit hat in der Getreidevermahlung der gesammten Welt ein Umschwung von weittragender Bedeutung stattgefunden, an welchem deutsche, österreich - ungarische sowie schweizer Ingenieure und Müller das Hauptverdienst haben.

Durch die **Mahlgangslüftung** von J a a c k s & B e h r n s - Lübeck wurde die Leistung der Mühlsteine quantitativ erhöht, das Mahlprodukt wesentlich verbessert, die Feuersgefahr der Mühlen vermindert.

Die Centrifugal - Sichtmaschine, deren Einführung und konstruktive Verbesserung ein Verdienst von N a g e l & K a e m p - Hamburg ist, brachte für den Sichtprocess und hierdurch mittelbar für das gesammte Mahlverfahren eine willkommene Verbesserung durch schärfere Trennung von Schalen, Griesen und Mehl, gleichzeitig eine erwünschte Raum- und Kraftersparniss, dazu eine Abkürzung der Gesammtvermahlung.

Durch Einführung der Porzellanwalzen von W e g m a n n - Zürich wurde eine bessere Verwerthung der Griese der bis dahin niederen Mehlsorten geschaffen, auch die erste Anregung gegeben zu der jetzt allgemein vorherrschenden Walzenmüllerei, um deren grossartige Ausbildung sich M e c h w a r t - Pest mit seinen spiralförmig geriffelten Hartgusswalzen ein Verdienst erworben hat.

Aus dem C a r r schen Desintegrator, dessen Massenleistung ebenso viel Aufsehen erregte wie sein Kraftbedarf, haben N a g e l & K a e m p - Hamburg den Dismembrator gemacht, der für Flachmüllerei eine unübertreffliche Maschine ist, während er bei der jetzt allgemein gewordenen Hoch- und Halbhochmüllerei nur am Ende der Vermahlung den Riffelwalzen überlegen erachtet wird. Für Roggenvermahlung gebührt dem Dismembrator freilich ein weiteres Feld guter Verwendung.

Harten Weizen in wirklich rationeller Weise zu vermahlen, haben die deutschen und ausländischen Müller von ihren österreich-ungarischen Fachgenossen, in erster Linie von Carl und Heinrich Haggenmacher in Pest gelernt, welche sich um die Ausbildung der Gries- oder Hochmüllerei hervorragend verdient gemacht haben. Die mit der Hochmüllerei verbundene mehrfache Schrotung führte zur Erfindung und stetigen Verbesserung der Griesputzmaschinen, denen später die Dunstputzmaschinen von Cabannes-Bordeaux folgten. Die von Amerika zu uns gebrachten Dunstputzmaschinen von Smith sowie die neuen leistungsfähigen Staubsammler mussten, wie fast alle aus Amerika stammenden Müllereimaschinen, erst den in Deutschland zur Vermahlung gelangenden Getreidearten und den in Deutschland üblichen Ansprüchen für Mehl angepasst werden.

Hat ganz im Allgemeinen die vordem nur in Oesterreich-Ungarn gebräuchliche Hoch- oder Griesmüllerei sich mehr und mehr auch in Deutschland einbürgern können unter dem Einfluss des zur Mischung verwendeten Hartweizens, ferner unter dem Einfluss der Riffelwalzen, der Centrifugalsichtmaschinen sowie der Gries- und Dunstputzmaschinen, so hat man doch in Deutschland fast ausnahmslos festgehalten an der Erzeugung weniger, von einander ziemlich scharf getrennter Mehlnummern (für Weizen: Kaiserauszug, No. 000, 00, 0, I, II, IIIa und IIIb; für Roggen: 0/I, II und III), während die Mühlen in Oesterreich-Ungarn vielfach gegen ihren eigenen Willen und gegen bessere Erkenntniss, aber unter der Macht der Gewohnheit meistentheils noch heute eine Ueberzahl von Mehlnummern erzeugen müssen, obwohl durch die allzuvielen Sorten der Mühlenbetrieb wesentlich vertheuert, der glatte Verkauf **aller** Mahlprodukte wesentlich erschwert wird. Seit etwa sechs Jahren ist über die deutschen Mühlen eine gewisse Ruhe gekommen, insofern wirklich bahnbrechende Erfindungen als Ersatz für die vordem gleichsam monopolisirten Mühlsteine ausgeblieben sind. In den letzten Jahren hat der **Plansichter** von **Haggenmacher**-Pest mit Verbesserungen von **Luther**-Braunschweig grosses Aufsehen gemacht und rasch weite Verbreitung gefunden; seit einigen Monaten wird er durch den sog. **Rundsichter** bekämpft, dem einige Müller den Vorzug zusprechen.

Noch ist der Verbesserungen zu gedenken, welche die **Getreidereinigung** während der letzten dreissig Jahre in allen Mühlen erfahren hat. So ziemlich alle gebildeten Nationen haben Beiträge geliefert zu den Verbesserungen, deren sich die modernen Mühlen in Bezug auf Getreidereinigung erfreuen, seitdem man ganz allgemein zur Erkenntniss gekommen war, dass man, um gute Mahlprodukte in thunlichst grosser Ausbeute zu erhalten, vor Allem das Getreide von jeglichem Oberflächenschmutz befreien muss. Dabei sind immer von Neuem wieder Versuche gemacht worden, das Getreide zu **schälen**, bis jetzt aber mit keinem anderen als einem specifisch örtlichen Erfolge.

Ein Verdienst deutscher Forschung und Gelehrsamkeit ist die Entdeckung der Ursachen der überaus folgenschweren Mehlexplosionen durch Prof. **Weber**. Aus dieser Entdeckung haben sich auch die Mittel zur Beseitigung der Mehlexplosionen ergeben. In allen gut verwalteten Getreidemühlen Deutschlands geht einmüthig das Bestreben dahin, jegliche Explosionsgefahr zu vernichten und alle Feuersgefahr thunlichst abzuschwächen, ersteres durch Anlage von dauernd gut funktionirenden **Staubfängern**, letzteres durch erhöhte Sorgfalt beim Bau und beim Betriebe sowie durch Einrichtungen zu raschem Unterdrücken eines Feuers.

Dem ersten Anfange der vorstehend geschilderten Umwandlungen folgte sehr bald die Begründung des namentlich um die rasche Verbreitung neuer Erfindungen wohl verdienten Verbandes Deutscher Müller, dessen Entstehen und Gedeihen sowohl dem Bedürfniss nach rascher Verständigung und Belehrung über alle Neuerungen wie namentlich auch dem Wunsche entsprungen ist, in allen wichtigen wirthschaftlichen und Standesfragen unter den deutschen Müllern eine kompakte Einheit zu bilden.

Unter energischer Leitung hat der Verband Deutscher Müller, der gewöhnlich alle Jahre eine Generalversammlung (Wanderversammlung) hält, viel Gutes geschaffen durch Begründung einer gemeinsamen Feuerversicherung, durch Anordnung von internationalen Müllereiausstellungen, durch Mitwirkung bei Feststellung von Zollgesetzen, Frachtsätzen, Usancen im Handel mit Getreide und Mehl u. s. w.

Der deutschen Müllerei-Berufsgenossenschaft, zu welcher freilich ausser Getreidemühlen auch Reis- und Oelmühlen, Häckselschneidereien, im Nebenbetriebe ausnahmsweise auch Schneidemühlen, Stärkefabriken u. s. w. gerechnet werden, gehörten im Jahre 1892 nach amtlicher Mittheilung 37 637 Betriebe mit einem Arbeiterpersonal von 86 439 Mann an.

Die Menge der von den deutschen Getreidemühlen alljährlich verarbeiteten Rohstoffe (Weizen, Roggen, Gerste) ist in weiten Grenzen veränderlich je nach den Ernteergebnissen, nach dem Zufluss der auf Wasser als Betriebskraft angewiesenen Etablissements und nach dem Stande der Getreide- und Mehlpreise, so dass absolut zuverlässige Zahlen hierüber nicht haben beschafft werden können, wohl auch nicht zu gewärtigen sind.

Während der letzten Jahre haben die deutschen Mühlen im Allgemeinen unter einer Ueberproduktion im Inlande sowie unter billigen Mehlpreisen der nach Deutschland importirenden Länder zu leiden gehabt.

In Bezug auf Güte ihrer Einrichtung sind die deutschen Getreidemühlen moderner Bauart mindestens ebenbürtig den besten ausländischen Konkurrenzetablissements, wobei selbstredend die deutschen Mühlen vorwiegend zunächst auf die in Deutschland gebräuchlichen Getreidearten und vorwiegend auf die hier verlangten Mühlenfabrikate eingerichtet sind, während die Erzeugung von Exportmehl nur einigen, meistens grösseren und besonders günstig gelegenen Mühlen Norddeutschlands zufällt.

Die Bemühungen, nach dem Vorbilde des Auslandes in deutschen Mühlen auch Mais zu vermahlen, sind trotz des Ausfalls an Roggen, den im vorigen Jahre das russische Ausfuhrverbot für Deutschland erbrachte, und trotz aller Bemühungen einiger Landesregierungen daran gescheitert, dass die deutsche Bevölkerung sich gegen alles Maisbrod, auch wenn es nur Mischbrod war, bisher ablehnend verhalten hat.

Im Uebrigen darf die grosse Zahl von neuen, in der Praxis bewährten Erfindungen, welche aus Deutschland stammen, sich aber bald weit über das Ausland verbreitet haben, als Beweis gelten dafür, dass die deutschen Mühlen eine führende Rolle bei der grossen Umwälzung gespielt haben, welcher die Getreidevermahlung in den letzten dreissig Jahren unterworfen war.

In der Deutschen Ingenieur-Ausstellung sind die Fortschritte in der Getreidemüllerei unter No. 1628 und 1675 durch Zeichnungen vorgeführt; bezüglich des Betriebs von Wassermühlen sei ferner noch auf No. 1619 und 1647 verwiesen.

Speicherbau.

Der Speicherbau hat sich in Deutschland in dem letzten Jahrzehnt ganz bedeutend entwickelt. Der Umfang und die Häufigkeit hervorragender Anlagen stehen zwar auf dem Gebiete der Getreidemagazine weit hinter Amerika zurück, dafür herrscht aber in den Einzelkonstruktionen eine Gediegenheit der Ideen und Ausführungen, die von den amerikanischen Einrichtungen bei Weitem nicht erreicht wird; das ist denn auch der Grund, weshalb grossartige Hafen- und Speicheranlagen des Auslandes seit vielen Jahren mit Vorliebe deutschen Speicherbaufirmen zur Ausführung übertragen werden.

In den deutschen Seehäfen haben namentlich die durch den Zollanschluss gebotenen gewaltigen Umbauten Veranlassung zu Neueinrichtungen gegeben, die unbestritten auf der höchsten Höhe der heutigen Technik stehen. Bei diesen Anlagen spielt durchgehends die Verwendung von Druckwasser (50 Atm.) zum Betriebe von Krahnen, Winden, Aufzügen, Gangspills, Drehbrücken die bedeutendste Rolle und ist um so mehr bemerkenswerth, als der deutsche Maschinenbau in ganz selbstständiger Weise jene Einrichtungen geschaffen und sich von dem englischen Wettbewerb, der früher allein Vertrauen auf diesem Gebiete genoss, völlig frei gemacht hat. Es sind hier die Hafenanlagen von Hamburg, Bremen und Lübeck zu nennen, welche bereits die Aufmerksamkeit weitester Kreise, auch die des Auslandes, auf sich gezogen haben. Bemerkenswerth ist hier, dass die Provinzialregierung von Buenos-Ayres eine vollständige Ausrüstung des Hafens von La Plata (Ensenada)*) mit Dampfmaschinen, Druckwassersammlern, 28 fahrbaren Krahnen, Hebebühnen, Gangspills u. s. w. einer deutschen Firma,

---

*) Im Amtlichen Katalog der Ausstellung des Deutschen Reiches S. 90 ist irrthümlich der Hafen von Buenos-Ayres angegeben.

der Maschinenfabrik G. Luther in Braunschweig, in Auftrag gab (s. Katalog der Ausst. des Deutschen Reiches No. 1666).

An modernen Getreidespeichern haben die Seehäfen Deutschlands wenig aufzuweisen. Es sind durchgängig gewöhnliche Bodenspeicher ohne besondere Einrichtungen für die Getreidebewegung. Grosse Sammelplätze für den Getreideausfuhrverkehr hat Deutschland naturgemäss nicht nöthig, und die Lagerhausgesellschaften richten ihre Speicher am liebsten so ein, dass sie für alle möglichen Waaren benutzbar sind, und vermeiden deshalb Specialeinrichtungen. Die Getreideeinfuhrfirmen aber haben bisher noch nicht den Entschluss zur Errichtung grosser Kornspeicher (Silos) fassen wollen, sondern ziehen vor, ihre Waare entweder bis zum Augenblick des Eintrittes günstiger Konjunktur in dem ausländischen Ausfuhrhafen liegen zu lassen oder aber die Frucht, soweit sie nicht gleich an den Markt gebracht wird, sofort in das Inland zu führen und in den dort vorhandenen Getreidespeichern zu lagern.

Das Inland weist in der That Getreidespeicher auf, deren Ausstattung in keinem Lande — mit Ausnahme derer, die von deutschen Speicherbaufirmen im Auslande gebaut sind — erreicht wird. Besonders ist es der Rhein, der eine Anzahl schöner Anlagen, theils nach dem Silosystem, theils als Bodenspeicher erbaut, aufweist, so z. B. in Mannheim (Mannheimer Lagerhaus-Gesellschaft), Köln (Kölner Lagerhaus-Gesellschaft) Uerdingen (Uerdinger Silospeicher-Gesellschaft), Ludwigshafen (Pfälzische Eisenbahnen und Königl. Zollspeicher) und Frankfurt a. M. (Frankfurter Lagerhaus-Gesellschaft). Zu diesen gesellt sich in neuester Zeit noch der Speicher der Lagerhaus-Gesellschaft in Worms. Auch für Militärzwecke wird der heutige Stand jener Specialtechnik nutzbar gemacht, wie z. B. in den grossen für das preussische Kriegsministerium ausgeführten Haferspeichern der Königl. Proviantämter in Berlin.

Auf die zahllosen kleineren und grösseren Getreide-Silospeicher, die ausserdem im Zusammenhange mit Getreidemühlen vorhanden sind, möge hier kurz hingewiesen werden.

Das Warrantsystem hat in Deutschland noch keinen officiellen Eingang gefunden. In neuerer Zeit aber hat die Regierung dem ganzen Silowesen grosse Aufmerksamkeit geschenkt, und es wird allgemein seine weitere Ausbildung unter staatlicher Fürsorge und Unterstützung erwartet.

Von fremden Ländern haben sich die deutschen Erfahrungen im Silospeicherbau namentlich zu Nutzen gemacht: Rumänien (die grossen Dockanlagen in Galatz und Braila), Russland (Silospeicher der russischen Südwestbahn in Odessa, Firma Boreyscha & Maximowitsch in Petersburg, adelige Landgemeinde in Jeletz u. s. w.), Oesterreich (Silos des galizischen Landesausschusses in Krakau und Lemberg), Argentinien (Rosario und Esperanza) u. s. w.

Hiernach gebührt der deutschen Maschinenindustrie unstreitig das Verdienst, den Bedürfnissen des Getreideverkehrs in den technisch vollendeten und präcisen Formen des modernen Maschinenbaues Ausdruck verliehen zu haben.

Die im Vorstehenden erwähnten von der Firma G. **Luther in Braunschweig** erbauten Anlagen sind z. Th. durch zeichnerische, photographische und plastische Darstellungen in der deutschen Ingenieur-Ausstellung unter No. 1666 zur Anschauung gebracht.

Im Anschluss hieran folgt nachstehender Bericht von Prof. Ad. **Ernst** in Stuttgart über die Entwicklung und die Fortschritte im Bau der

Hebezeuge.

Der Bau von **Hebezeugen, Aufzügen, Krahnen und Winden** aller Art für Mühlen, Speicher, Fabriken, Wohngebäude und Bauausführungen, sowie für den ganzen Umladeverkehr von Waaren hat sich in Deutschland erst seit rd. 30 Jahren zu einer bedeutenden Sonderindustrie entwickelt, die vorzüglich in den letzten 20 Jahren grosse Erfolge und Fortschritte zu verzeichnen hat.

Der allgemeine wirthschaftliche Umschwung des Landes nach den Jahren 1866 und 1870 rief eine lebhafte Steigerung der gesammten Verkehrs- und Produktionsverhältnisse hervor, die sich naturgemäss auch in einer bedeutenden Vermehrung des Lasttransportes bemerkbar machte und gebieterisch die allgemeine Verwendung von Hülfsmaschinen zum Bewältigen der Lasten forderte. Dem Erfindungsgeist und der konstruktiven Thätigkeit war unter solchen Umständen gerade auf diesem Gebiete ein reiches Arbeitsfeld geboten; denn die bisherige Zersplitterung der vereinzelten Aufträge hatte durchgreifende Verbesserungen erschwert, weil nur wenige Konstrukteure sich dauernd mit dem Gegenstande beschäftigten und genügende Erfahrungen über die zu befriedigenden Bedürfnisse besassen. Der Schutz des neuen Reichspatentgesetzes begünstigte das schnelle Aufblühen der jungen Sonderindustrie um so mehr, als auch kleinere Fabriken in der Lage waren, an dem Wettbewerb um die Verbesserung des lange vernachlässigten Gebietes Theil zu nehmen.

Erst seit dem Jahre 1870 tritt das Streben deutlich zu Tage, sich nicht mehr mit der einfachen Wiederholung hergebrachter Windenkonstruktionen zu begnügen, sondern vor allem die Leistungsfähigkeit und Betriebssicherheit der Maschinen durch sorgfältiges Ausbilden der Einzeltheile zu erhöhen. Damals lenkte der aus Amerika bekannt gewordene Geschwindigkeitsregler von Otis und die 1870 in England patentirte Bremskupplung von Mégy und Echeverria die Aufmerksamkeit auf die Verbesserung der Lastsenkvorrichtungen. Stauffer ersetzte den Otisschen Bremsregulator durch eine wesentlich vereinfachte selbstthätige Klotzschleuderbremse, die sich bequem in das Windentriebwerk einbauen liess, und Briegleb, Hansen & Co. in Gotha gebührt das Verdienst, die ersten sogenannten Sicherheitswinden in Deutschland mit durchschlagendem Erfolge eingeführt zu haben, indem sie das Mégysche Patent zur Kupplung der Kurbel beim Antrieb und zum Bremsen beim Senken der Last verwertheten und gleichzeitig die Stauffersche selbstthätige Bremse als Schutz gegen übergrosse Senkgeschwindigkeiten' bei fahrlässiger Windenbedienung einschalteten.

E. Becker in Berlin löste die Aufgabe, die gehobene Last selbstthätig frei schwebend zu halten, indem er die sonst übliche Spannbremse durch eine Lüftungsbremse ersetzte und diese lose auf der Triebwelle durch einseitige Kupplung mit einem Sperrrade für das Lastaufwinden wirkungslos machte, dagegen den Rücklauf des Triebwerks durch die Bremssperrradkupplung selbstthätig bis zum Lüften der Bremse hinderte. Damit war gleichzeitig die beste Windenkonstruktion für Riemenantrieb gefunden, welche die rationelle Ausnutzung des Lastübergewichts zum selbstthätigen Rücklauf gestattete und die Windensteuerung unter Anwendung eines einzigen offenen Riemens auf die Riemenverschiebung von der festen auf die Losscheibe und umgekehrt beschränkte.

Der Werth dieser beiden Konstruktionen wird durch ihre rasche Verbreitung und durch die Zahl der Patente bekundet, welche in schneller Folge in den nächsten Jahren auf verwandte Konstruktionen entnommen sind. Damals wurden die verschiedenen Formen der Sicherheitskurbeln und der Centrifugalbremsen erschöpfend durchgearbeitet.

Das hierdurch erwachte sorgfältige Studium der Bremsfrage führte in Deutschland weiter dazu, die Mängel der Differential-Windentriebwerke deutlich zum Bewusstsein zu bringen und mit der Konstruktionsrichtung zu brechen, welche unter dem Einfluss des Westonschen Flaschenzuges eine gewisse Herrschaft für gedrängt gebaute Hebezeuge erlangt hatte. Statt weiter nach Triebwerken zu suchen, die durch ihre eigenen Bewegungswiderstände den Rücklauf der Last hindern und damit auf Kosten eines Wirkungsverlustes von über 50 pCt die Anordnung und Bedienung einer besonderen Bremse ersparen, stellte sich E. Becker die Aufgabe, eine von der Last gespannte Bremse in das Triebwerk einzuschalten, und benutzte wieder das einfache Mittel der Sperrklinkenkupplung, um die hemmende Wirkung der Bremse lediglich für den Rücklauf eintreten zu lassen, während das Aufwinden ohne zusätzliche Arbeitsverluste von statten geht. Die Einführung der Beckerschen Drucklagerbremse ist von entscheidendem Einfluss auf die Verwerthung steilgängiger Schneckentriebwerke für tragbare Hebezeuge gewesen, die für die bekannten Schraubenflaschenzüge des Erfinders ganz allgemeine Verwendung gefunden haben.

Unter dem Einfluss der strengen deutschen baupolizeilichen Vorschriften für den Fahrstuhlbetrieb haben die Sicherheitsvorkehrungen für Fahrschächte eine ganz besonders sorgfältige Pflege gewonnen, und zahlreiche Lösungen genügen der Forderung, das Oeffnen der Fahrschachtverschlüsse erst zu gestatten, wenn sich der Fahrstuhl in der Ruhe hinter der Verschlussthüre befindet, während gleichzeitig der Betrieb des Aufzuges unmöglich ist, solange die aufgeriegelte Zugangsthür geöffnet bleibt. Auch hier verfügen fast alle in Betracht kommenden Fabriken über eigene Konstruktionen oder Patente, nachdem Martin in Bitterfeld die erste befriedigende Lösung der Aufgabe geliefert hat.

Der Krahngerüstbau hat für Auslegerkrahne die zuerst von Fairbairn eingeführte gekrümmte Auslegerform, zur besseren Ausnutzung der Hubhöhe mehr und mehr auch für Krahne eingeführt, deren Ausleger nur aus Profileisen herge-

stellt sind. Die alte Krahnbaufirma von Stuckenholz in
Wetter a. Ruhr hat die Aufgabe, die Hubhöhe auch bei Lauf-
krahnen in bedeckten Hallen möglichst vollkommen auszunutzen,
in der Weise gelöst, dass sie die Krahnbühne als genieteten
Blechträger in Form eines umgekehrten U ausführt und die
Laufkatze im inneren Hohlraum dieses Trägers unterbringt.
Die Firma geniesst einen besonderen Ruf für aussergewöhnlich
grosse und tragfähige Konstruktionen und hat u. a. auch den
zur Zeit grössten Krahn der Welt, den Riesen-Dampfkrahn für
250 t, 31 m Kopfhöhe über dem Kai und 10 m Ausladung über
die Kaikante am Krahnhöft in Hamburg geliefert

Der hydraulische Betrieb hat sich anfänglich in
Deutschland nur sehr langsam verbreitet. Abgesehen von einigen
älteren Anlagen in Norddeutscland, die lange Zeit ganz vereinzelt blieben, fasste das System erst mit der Einführung des
Bessemerverfahrens festeren Fuss, und die Neubauten grösserer
Bahnhöfe nach dem Jahre 1870 drängten ebenfalls zur Anwendung hydraulischer Aufzüge für den Gepäck- und Post-
güterverkehr. Nebenher bürgerten sich die hydraulischen Per-
sonenaufzüge allmählich in den besseren Hôtels grösserer Städte
ein. Die Anlagen wurden zuerst von der Berlin-Anhalti-
schen Maschinenbau - A. - G., von R. Dinglinger in
Coethen, später auch von Flohr & Lissmann in Berlin und
von C. Hoppe ebendort ausgeführt, während Gruson in Magdeburg und Krupp in Essen anfänglich vorzugsweise nur ihre
eigenen Werkstätten mit hydraulischen Hebewerken für aussergewöhnlich grosse Lasten selbst ausrüsteten. In weiteren
Kreisen ist als eine durchaus neue und selbständige Konstruktion der fahrbare hydraulische Giessereikrahn von Gruson mit
Dampfbetrieb bekannt geworden, der zum Heben und zum
Transport der schweren Hartgusspanzerplatten innerhalb und
ausserhalb der Giesserei dient. Ein allgemeiner Wettbewerb
um die Ausführung grösserer Anlagen trat erst ein, als die

Ausrüstung des Berliner neuen Packhofes mit hydraulischem Betrieb in Angriff genommen wurde und bald darauf Frankfurt am Main, Mainz, Bremen und vor allem Hamburg zu neuen Hafenanlagen schritt. Neukirch in Bremen, Hoppe in Berlin, Haniel & Lueg in Düsseldorf haben in verschiedener Weise die Frage der Kraftwasserersparniss für den hydraulischen Betrieb zu lösen versucht und eine ganze Reihe von Mehrkolbenmaschinen für abgestuften Wasserbedarf und theilweise Rückgewinnung des Betriebswassers beim Senken der Last mit den zugehörigen Neuerungen entworfen und ausgeführt. Hierdurch hat diese schon früher von Armstrong in England bearbeitete Frage eine ganze Reihe von Lösungen gefunden, und es darf angenommen werden, dass wesentliche Neuerungen in dieser Richtung nicht mehr gewonnen werden können. Für die hydraulischen Winden und Lastaufzüge ist das indirekt wirkende System mit Treibkolben und eingeschaltetem umgekehrtem Flaschenzuge bis zu zehnfacher Uebersetzung zur fast alleinigen Herrschaft gelangt und vorzüglich durch die Hamburger Anlagen die ausgedehnte Verwendbarkeit der Drahtseile an Stelle von Ketten schlagend nachgewiesen. Mit diesen Ausführungen sind die betheiligten Firmen auch gleichzeitig in den Wettbewerb des Weltmarktes für hydraulische Anlagen eingetreten. Haniel & Lueg übernahmen die hydraulischen Betriebsanlagen für die Häfen von Triest und Venedig, und Luther in Braunschweig erhielt den ersten grossen Auftrag für Südamerika. Eine Reihe weiterer Firmen, welche sich vorzugsweise mit der Ausrüstung von Speichern beschäftigen, sind schon seit längerer Zeit für das Ausland thätig.

Die Allgemeine Deutsche Ausstellung für Unfallverhütung in Berlin 1889 gab ein Bild des Aufschwunges der hydraulischen Hebewerke für die Bedürfnisse der Reichshauptstadt, welche inzwischen nach dem amerikanischen Vorbilde mit der Einrichtung grosser Geschäftshäuser vorgegangen war und hierdurch einen grösseren Bedarf an hydraulischen Aufzügen ins Leben gerufen hatte. Zu jener Zeit hatte auch die Otis-Gesellschaft bereits einzelne ihrer hydraulischen Aufzüge in der Stadt dem Betriebe übergeben.

Gleichzeitig trat auf jener Ausstellung E. Becker mit dem ersten elektrischen Krahnbetrieb an die Oeffentlichkeit. Eine Reihe anderer Firmen ist diesem Beispiel gefolgt und führt jetzt ebenfalls elektrische Betriebsanlagen für Hebezeuge aus.

Die zahlreiche Verwendung, welche die Brown-Wilsonschen Dampfkrahne mit umgekehrtem Flaschenzuge und einfachem Kolbenhub auf den älteren Kais der Hamburger Staatshafenanlagen gefunden haben, ist die Veranlassung geworden, für die neueren Erweiterungen der dortigen Staatsanlagen das eingebürgerte Krahnsystem beizubehalten, den Betriebsdampf aber von einer Centrale zu liefern. Auch hier ist das selbstständige Vorgehen der deutschen Industrie mit einem neuen Versuche im grossen Maassstabe bemerkenswerth.

Die deutsche Ingenieur-Ausstellung bietet Zeichnungen, Photographieen, Modelle u. s. w. von Hebevorrichtungen unter No. 1628, 1643, 1666, 1673, 1682 und 1708 des Katalogs der Ausstellung des Deutschen Reiches.

Ad. Ernst.

VII.

DAS INGENIEURWESEN IM DIENSTE DER WOHLFAHRTS- UND GESUNDHEITSPFLEGE.

VII. Das Ingenieurwesen im Dienste der Wohlfahrts- und Gesundheitspflege.

In ganz hervorragender Weise hat sich das deutsche Ingenieurwesen, namentlich in den beiden letzten Jahrzehnten, in den Dienst der Wohlfahrts- und Gesundheitspflege gestellt, und zwar liegt der überwiegende Theil dieser Thätigkeit in den Händen von Provinzial- und namentlich von städtischen Baubeamten; doch sind auch zahlreiche Civilingenieure auf diesem Gebiete erfolgreich thätig. Leistungsfähige Gewerbebetriebe haben auch hier Deutschland mehr und mehr vom Ausland unabhängig gemacht, das seinerseits gerade in manchen hierher gehörigen Zweigen ein beachtenswerther Abnehmer deutscher Erzeugnisse geworden ist. Im Nachstehenden ist der Stoff nach folgenden Gruppen geordnet:

  A. Beleuchtung;
  B. Heizung und Lüftung;
  C. Wassefversorgung;
  D. Kanalisationswesen;
  E. Oeffentliche Badeanstalten;
  F. Krankenhäuser und Irrenanstalten;
  G. Schlachthäuser und Viehhöfe.
  H. Markthallen.

A. Beleuchtung.

In der Technik der künstlichen Beleuchtung steht Deutschland nicht nur hinter keinem Staate zurück, sondern es kann in einzelnen Zweigen die führende Rolle beanspruchen. Dies gilt insbesondere von der

1. Petroleumbeleuchtung. Für die Herstellung von Petroleumbrennern und -Lampen kommt in erster Linie Berlin in Betracht, von wo aus eine schwungvolle Ausfuhr nach allen Weltgegenden stattfindet. Die deutsche Petroleumlampe findet man ebenso verbreitet in Japan, Indien, in Südamerika und Australien, wie in Russland und den übrigen nordischen Ländern. Die grossen Petroleumbrenner - Fabriken unterhalten zum Studium der Lichterzeugung hochentwickelte Laboratorien, in denen wissenschaftlich gebildete Ingenieure thätig sind.

2. Gasbeleuchtung. Hannover war die erste Stadt in Deutschland, in der im Sommer 1826 die Gasbeleuchtung in grösserem Maassstabe eingeführt wurde, nachdem in England bereits 12 Jahre früher damit vorgegangen war. Berlin folgte im September desselben Jahres. Beide Anstalten wurden von englischen Ingenieuren und einer englischen Gesellschaft erbaut. Sehr bald stand diesen deutsche Konkurrenz gegenüber: im April 1828 wurde die von dem Ingenieur Blochmann erbaute erste Gasanstalt der Stadt Dresden und im September 1828 die Gasanstalt von Fr. Knoblauch und G. Schiele in Frankfurt a/Main in Betrieb gesetzt, letztere als Oelgasanstalt. Langsam ging es mit diesen Werken voran, zahlreiche Schwierigkeiten waren zu überwinden, besonders die Vorurtheile und die Furcht vor der Gefährlichkeit der Beleuchtungsart. Im Herbste 1838 wurde die von Blochmann erbaute städtische Gasanstalt in Leipzig und die von der Imperial Continental Gas Association erbaute Gasanstalt Aachen, von der gleichen Gesellschaft 1841 die Anstalt in Köln, 1845 in Frankfurt a/Main in Betrieb gesetzt, während eine belgische Gesellschaft 1837 in Elberfeld, eine schweizer Gesellschaft 1845 in Stuttgart Gasanstalten erbauten. Im Januar 1847 eröffneten die von Blochmann erbauten beiden ältesten städtischen Gasanstalten in Berlin den Betrieb, und nun folgten in fortdauernder Steigerung alle grösseren und mittleren Städte Deutschlands, von denen zu Ende der fünfziger Jahre nur noch wenige ohne Gasanstalt waren. Misserfolge blieben nicht aus; so musste die von englischen Ingenieuren erbaute Gasanstalt in Hamburg nach kurzer Betriebsdauer 1845 ihren Betrieb wieder einstellen, bis sie durch einen anderen Ingenieur gründlich umgebaut war. Deutsche und englische Ingenieure waren bei diesen Anlagen thätig, doch verdrängten die ersteren nach und nach die Ausländer vollständig.

Heute giebt es in deutschen Städten etwa 1500 Gasanstalten, von denen die meisten im Besitze der Gemeinden und unter städtischer Verwaltung stehen; theils haben diese die Anstalten von Anfang an für eigene Rechnung gebaut und verwaltet, theils nach Ablauf der Konzessionen erworben. Es besteht allgemein die Ansicht, dass derartige Anlagen in der Hand der Stadtverwaltung bleiben müssen, sowohl um dieser den Gewinn zu sichern, als auch um Konflikten mit den Unternehmern vorzubeugen.

Bis Ende der sechziger Jahre wurden die Anstalten wesentlich nach dem allgemein üblichen System erbaut, ohne dass wesentliche Neuerungen zur Einführung kamen. Alsdann begann ein Aufschwung der Industrie; man begann mit der Verbesserung der Retortenöfen, bei denen durch bessere Ausnutzung der abziehenden Feuerungsgase zur Erwärmung der Verbrennungsluft, durch gleichmässigere Zuführung der stark vorgewärmten Verbrennungsluft und durch Trennung der Verbrennung in 2 Perioden — Erzeugung von Kohlenoxydgas und Umwandlung des letzteren in Kohlensäure — eine weit vortheilhaftere Vergasung und Ausnutzung der Brennstoffe erzielt wird. Diese sog. Generatoröfen sind auf allen grösseren und in der Mehrzahl der kleineren deutschen Anstalten eingeführt und von Deutschland aus in vielen ausserdeutschen Gasanstalten erbaut. Ihre Vortheile sind so offenkundig, dass sie die alten Rostöfen vollständig verdrängen werden. Retortendeckel mit metallischer Dichtung — System Morton — Vorlagen mit guter Regulirung des Wasserstandes, besserer Theerabführung und leichter Zugänglichkeit bei Verstopfungen sind sehr verbreitet.

Zur Kondensation verwendet man vorzugsweise Wasserkühler und Wascher (Scrubber) mit mechanischer Berieselung, zur Reinigung fast ausschliesslich natürliches oder künstliches Eisenoxyd, vorwiegend ersteres, das in Deutschland an verschiedenen Stellen in vorzüglicher Reinheit gefunden wird. Kalk wird als alleiniges Reinigungsmittel wohl gar nicht, hinter Eisenoxyd nur selten benutzt.

Die Verarbeitung des Ammoniakwassers zu schwefelsaurem Ammoniak, Salmiak oder Salmiakgeist ist allgemein, selbst in kleineren Anstalten, eingeführt; in der Regel geschieht diese von den Anstalten selbst, seltener durch Uebernehmer. Die Reinigungsmasse wird auf den grössten Anstalten direkt, von den mittleren und kleinen durch Uebernehmer auf die Gewinnung von Schwefel, Cyan und Rhodan verarbeitet. Anlagen zum Verarbeiten des Theers auf Benzole u. dergl. sind auf den Gasanstalten nicht vorhanden, der Theer wird roh verkauft.

Die deutsche Gasindustrie hat sich vom Auslande völlig unabhängig gemacht und bezieht alle für den Bau der Werke und deren Unterhaltung erforderlichen Gegenstände ausschliesslich aus deutschen Fabriken, die auch beträchtliche Mengen von Retorten, feuerfesten Materialien, Apparaten, Röhren, Gasbehältern, u. s. w. nach dem Auslande liefern. Die nach dem System des Professors O. Intze mit schmiedeisernem Wasserbassin, dessen Boden kuppelförmig gewölbt ist, hergestellten Gasbehälter (s. Zeichnungen unter No. 1650 der Ausstellung des Deutschen Reiches) haben grosse Verbreitung im In- und Auslande gefunden; sie sind namentlich in Gegenden zu empfehlen, die von Erdbeben heimgesucht werden oder in denen ein nicht tragfähiger Baugrund, hoher Grundwasserstand u. dergl. den Bau gemauerter Wasserbehälter sehr kostspielig machen.

Für den Gasverbrauch sind in Deutschland nahezu ausschliesslich Specksteinbrenner eingeführt, und zwar entweder Schnitt- (Fischschwanz-) oder Rund- (Argand-) Brenner. Die vorwiegend in Nürnberg angefertigten Specksteinbrennerköpfe werden dort, in Berlin u. a. O. mit Messinggarnitur versehen und wegen ihrer vorzüglichen Güte in grossen Mengen exportirt. Das Gleiche gilt von den Intensivbrennern, die in Berlin u. a. O. im Grossen fabrizirt werden. Sie sind ihres schönen und mächtigen Lichtes wegen sehr verbreitet, besonders in Läden, Versammlungssälen, aber auch zur Strassenbeleuchtung viel benutzt. In neuerer Zeit hat das Auersche Glühlicht sich sehr gut eingeführt; bei diesem wird durch eine Bunsen-Kochflamme ein cylindrisches Gewebe von Metalloxyden zum Glühen gebracht und erzeugt hierdurch ein schönes weisses, dem elektrischen Bogenlichte sehr ähnliches Licht von grosser Leuchtkraft bei geringem Gasverbrauch.

Weit verbreitet sind Einrichtungen zum Heizen und Kochen mit Gas, für die das Gas allgemein zu wesentlich billigeren Preisen geliefert wird. Durch zweckmässige Konstruktionen wird bei diesen das Heizen und Kochen ebenso billig wie bei Steinkohlenfeuerung, während deren viele Unbequemlichkeiten vermieden werden. Ebenso ist es allgemein üblich, das Gas für den Betrieb von Gasmotoren um $1/4$ bis $1/3$ billiger zu geben als Leuchtgas; dies hat wesentlich zu der grossen Verbreitung der Gasmotoren in Deutschland beigetragen, deren hier rd. 70000 von $1/4$ bis 100 PS in Benutzung sind. Die mit der Anfertigung der Motoren beschäftigten Fabriken exportiren diese Apparate in grosser Zahl in alle Länder der Welt. Eine nicht geringe Zahl von Gewerbebetrieben in Deutschland hat ihren gesammten Betrieb auf Gasmotoren eingerichtet, sie erzeugen sich ihr Gas selbst und finden diese Art der Betriebsführung ebenso billig, aber weniger durch Rauch, Russ u. dergl. belästigend als die übliche Betriebsführung mit Dampfkesseln und Dampfmaschinen.

Der Verbrauch an Gas ist in den Städten sehr verschieden, er schwankt zwischen 100 cbm = 3500 Kubikfuss und 23 cbm = 800 Kubikfuss pro Kopf der Einwohner in den Städten über 100 000 Einwohnern; er geht bis zu 18 cbm = 630 Kubikfuss in den kleinen Städten herab.

Zeichnungen, Photographieen, Modelle u. s. w. von Gasanstalten, Gasometern, Retortenöfen u. s. w. sind unter No. 1625, 1650, 1654, 1661, 1669, 1694 und 1706, Zeichnungen von Gasmotoren unter No. 1660 ausgestellt (s. a. in der Sammelausstellung des Maschinenbaues No. 1509 und 1522). W. Kümmel.

3. Elektricitätswerke. Seit der bahnbrechenden Entdeckung des dynamo-elektrischen Prinzips durch Werner von Siemens im Jahre 1866 hat die deutsche Elektrotechnik hervorragende Erfolge auf dem Gebiete der Erzeugung, Vertheilung und Verwerthung des elektrischen Stromes zu verzeichnen.

Die ersten Differentiallampen brannten in Berlin im Jahre 1879, die erste elektrische Bahn war zu derselben Zeit auf der dortigen Gewerbeausstellung in Betrieb, und die erste deutsche Ausstellung für Elektrotechnik in München (1882) war grundlegend für die Einführung der elektrischen Kraftübertragung und gab gleichzeitig Zeugniss von den günstigen Resultaten, welche die deutschen Firmen auch auf dem Gebiete der elektrischen Beleuchtung erzielt hatten.

Um diese Erfolge möglichst weiten Kreisen der Bevölkerung zu Gute kommen zu lassen, begann man bereits im Jahre 1883, dem von Th. A. Edison in Amerika gegebenen Beispiel folgend, grosse Stromerzeugungsstellen zu schaffen und von diesen aus die Elektricität über ganze Städte zu vertheilen.

Man begann zunächst, grössere Häuserkomplexe gemeinsam mit elektrischem Strom zu versehen, d. h. sogenannte Blockstationen zu errichten; doch folgten diesen Anlagen sehr bald die ersten elektrischen Centralen Berlins, welche von der damaligen Deutschen Edison-Gesellschaft, der jetzigen Allgemeinen Elektricitätsgesellschaft erbaut und im Jahre 1885 mit anfangs rd. 3000 Lampen dem Betrieb übergeben wurden.

Der Erfolg dieser ersten deutschen Centralstation war ein so günstiger, dass sofort drei weitere Centralen in Berlin von vorgenannter Gesellschaft errichtet wurden, deren Gesammtverbrauch innerhalb sieben Jahre von 3000 auf rd. 136 000 sechzehnkerzige Lampen anwuchs, wobei rd. 500 PS auf Elektromotoren verschiedener Grösse entfallen.

Die genannten Werke sind reine Gleichstromanlagen mit Dampfbetrieb und unterirdischem Kabelnetz und stellen damit den ersten und verhältnissmässig einfachsten Typus der elektrischen Centralen in Deutschland dar.

Der von der Allgemeinen Elektricitätsgesellschaft gegebenen Anregung folgten andere hervorragende Firmen Deutschlands, welche in Hamburg, Elberfeld, Lübeck u. a. O. Elektricitätswerke unter Beibehaltung desselben Typus, sowohl was das System, als die Art der Betriebskraft und die Anordnung der Leitungen betrifft, erbauten.

Einen wesentlichen Fortschritt in der Anlage elektrischer Centralstationen bezeichnet die Einführung der Accumulatoren, deren Fabrikation und Betrieb eine bedeutende Vervollkommnung in Deutschland erfahren hat.

Die Verwendung von elektrischen Sammlerbatterien bot sowohl aus Gründen der Betriebssicherheit wie der allgemeinen Oekonomie der Anlage ausserordentliche Vortheile, indem die

Betriebsmaschinen nunmehr auch während des geringen Tagesverbrauchs stets normal belastet werden konnten.

Diese Vorzüge gaben in Verbindung mit der Möglichkeit, durch Sekundärstationen mit Accumulatorenbetrieb das Verbrauchsgebiet einer Centrale ohne wesentliche Vertheuerung der Leitungen über weitere Grenzen auszudehnen, die Veranlassung, dass eine stattliche Anzahl von Elektricitätswerken, wie z. B. Barmen, Breslau, Darmstadt, Dessau, Düsseldorf, Hannover, Königsberg, Stettin u. a. m., unter Benutzung ausgedehnter Sammlerbatterien ausgeführt wurde, wobei als Betriebskraft sowohl Dampfmaschinen wie Gasmotoren zur Anwendung kamen.

Mit der Zeit machte sich nun auch in Deutschland das Bedürfniss geltend, immer weiteren Gebieten elektrische Energie zuzuführen, um einerseits nicht nur das Centrum grosser Städte, sondern auch die aussen liegenden Bezirke mit Elektricität zu versehen, und um andererseits die Stromerzeugungsanlagen aus den dicht bebauten Stadttheilen zu entfernen und sie ausserhalb des Weichbildes mit Wasser und Gaswerken zu vereinigen, oder auch besonders günstige, aber entlegene Naturkräfte wie Kohlenwerke, Wasserläufe u. s. w. auszunutzen.

Für diesen Zweck genügte nun nicht mehr die niedere Spannung, wie sie bei Gleichstromanlagen üblich ist, sondern man musste, den in England, Italien und andern Ländern bereits mit gutem Erfolg unternommenen Versuchen folgend, hochgespannte Wechselströme mit Transformatoren verwenden; es geschah dies, sobald die Mängel, welche anfänglich den Wechselstrom-Bogenlampen anhafteten, und die Gefahren, welche derartige Anlagen für das Leben mitzubringen schienen, durch besondere Vorsichtsmassregeln und grössere Sicherheit bietende Anordnung der Leitungen, Schaltapparate u. s. w. beseitigt wurden.

Zunächst errichtete man kleinere Anlagen dieses Systems,

so beispielsweise zuerst in Reichenhall im Jahre 1890, um dann zu dem Bau grösserer Wechselstromcentralen überzugehen, wie eine solche in sehr bedeutendem Umfange das Elektricitätswerk der Stadt Köln bildet.

Um indessen weiter die Vorzüge einer Aufspeicherung der Betriebskraft mit den Vortheilen zu vereinigen, welche eine Uebertragung der elektrischen Energie auf weite Entfernungen bietet, wurden die beiden vorher besprochenen Systeme mit Accumulatoren einerseits und hochgespanntem Wechselstrom andererseits kombinirt, und zwar namentlich, wenn es sich darum handelte, eine entfernt liegende, an sich nicht ausreichende Wasserkraft zum Betriebe eines Elektricitätswerkes zu verwenden.

Man braucht zu diesem Behuf Wechselstrom-Gleichstrom-Umformer, bei welchen die elektrischen Motoren theils von den Dynamos getrennt, theils mit diesen auf einer Armatur vereinigt zur Anwendung kamen.

Eine derartige Anlage wurde für die Stadt Cassel im Jahre 1891 zum erstenmal ausgeführt, und ähnliche Centralen sind u. a. auch für Bockenheim und die Aussenbezirke von Hamburg in Aussicht genommen.

Ein wesentlicher Nachtheil des gewöhnlichen Wechselstroms bestand nun bis vor Kurzem darin, dass die nach diesem System konstruirten Elektromotoren nicht mit denselben Vortheilen betrieben werden konnten wie die Gleichstrommotoren.

Ein sehr bemerkenswerther Umschwung trat indessen in dieser Frage durch die Erfindung des mehrphasigen Wechselstroms, des sogenannten Drehstroms, ein, welcher in Deutschland ganz bedeutende Verbesserungen erfuhr, so dass im Jahre 1891 in der industriereichen Stadt Heilbronn a. N. die erste Drehstromcentrale erbaut werden konnte, bei welcher die mit Phasenverschiebung arbeitenden Elektromotoren das in sie gesetzte Vertrauen durchaus erfüllen.

Stadt	Erbauer	System
Altona	Schuckert & Co., Nürnberg	Gleichstrom, Accumulatoren, Dreileiter
Barmen	Schuckert & Co., Nürnberg	Gleichstrom, Accumulatoren, Dreileiter
Berchtesgaden	Schuckert & Co., Nürnberg	Wechselstrom-Transformatoren
Bergzabern	Schuckert & Co., Nürnberg	Gleichstrom, Accumulatoren
Berlin	Allgemeine Elektricitätsgesellschaft, Berlin	Gleichstrom, Dreileiter
Blankenburg i/H.	Gebr. Naglo, Berlin	Gleichstrom, Accumulatoren, oberirdische Leitung
Bremen (Freihafen)	Schuckert & Co., Nürnberg	Gleichstrom, Dreileiter
Breslau	Siemens & Halske, Berlin	Gleichstrom, Accumulatoren, Dreileiter
Burghausen	Allgemeine Elektricitätsgesellschaft, Berlin	Wechselstrom-Transformatoren
Cassel	Oscar v. Miller, München	Wechselstrom-Gleichstrom-Umformer, Accumulatoren
Darmstadt	Siemens & Halske, Berlin	Gleichstrom, Accumulatoren, Dreileiter
Dessau	Deutsche Continental-Gas-Gesellschaft, Dessau	Gleichstrom, Gasmotoren, Accumulatoren
Düsseldorf	Schuckert & Co., Nürnberg	Gleichstrom mit Accumulatoren-Unterstationen
Eisenach	Allgemeine Elektricitätsgesellschaft, Berlin	Gleichstrom, oberirdische Leitung, Dreileiter
Elberfeld	Siemens & Halske, Berlin	Gleichstrom, Dreileiter
Erding	Siemens & Halske, Berlin	Drehstrom-Transformatoren
Fürstenfeldbruck	Oscar v. Miller, München	Wechselstrom-Transformatoren, oberirdische Leitung
Gera	Allgemeine Elektricitätsgesellschaft, Berlin	Gleichstrom, Strassenbahn-Centrale mit Accumulatoren
Gevelsberg	Elektrotechnische Fabrik, Bamberg	Gleichstrom, Accumulatoren, oberirdische Leitung
Gummersbach	Accumulatoren-Fabrik, Hagen i/W.	Gleichstrom, Accumulatoren
Hagen i/W.	Accumulatoren-Fabrik, Hagen i/W.	Gleichstrom, Gasmotoren, Accumulatoren, oberirdische Leitung

Stadt	Erbauer	System
Hamburg ...	Schuckert & Co., Nürnberg	Gleichstrom, Accumulatoren
Hannover ...	Schuckert & Co., Nürnberg	Gleichstrom, Accumulatoren, Dreileiter
Heilbronn ...	Oscar v. Miller, München	Drehstrom-Transformatoren
Köln	A.-G. Helios, Köln	Gleichstrom, Accumulatoren, Fünfleiter
Königsberg ..	Gebr. Naglo, Berlin	Wechselstrom-Transformatoren
Kösen	Elektrotechnische Fabrik, Bamberg	Gleichstrom, Accumulatoren, oberirdische Leitung
Landsberg a/L.	Allgemeine Elektricitäts-gesellschaft, Berlin	Wechselstrom-Transformatoren, oberirdische Leitung
Lübeck	Schuckert & Co., Nürnberg	Gleichstrom, Accumulatoren, Dreileiter
Mülhausen i/E.	Siemens & Halske, Berlin	Gleichstrom, Accumulatoren, Dreileiter
Neuhaldensleben	Schuckert & Co., Nürnberg	Gleichstrom, Accumulatoren, oberirdische Leitung
Pfarrkirchen .	J. Einstein & Co., München	Gleichstrom, Dreileiter-System
Reichenhall..	Allgemeine Elektricitäts-gesellschaft, Berlin	Wechselstrom-Transformatoren, oberirdische Leitung
Schwabing ..	J. Einstein & Co., München	Gleichstrom, Accumulatoren, Dreileiter
Stettin	Siemens & Halske, Berlin	Gleichstrom, Accumulatoren, Dreileiter
Tauberbischofheim	C. & E. Fein, Stuttgart	Gleichstrom, oberirdische Leitung
Tölz	Allgemeine Elektricitäts-gesellschaft, Berlin	Gleichstrom, Zweileiter, oberirdische Leitung
Traben, Trarbach	Allgemeine Elektricitäts-gesellschaft, Berlin	Gleichstrom, ober- und unterirdische Leitung, Dreileiter
Triberg i/Schw.	Allgemeine Elektricitäts-gesellschaft, Berlin	Gleichstrom, oberirdische Leitung
Wannsee ...	Allgemeine Elektricitäts-gesellschaft, Berlin	Gleichstrom, Accumulatoren oberirdische Leitung, Dreileiter

Ausser diesem Elektricitätswerke, dessen Primärmaschinen für den bekannten Kraftübertragungsversuch von Lauffen a. N. nach Frankfurt a. M. benutzt wurden, ist noch eine weitere Drehstromanlage in Erding in Betrieb, während mehrere andere als Entwürfe vorliegen.

Die Entwicklung der verschiedenen hier genannten Systeme erfolgte in Deutschland ganz allmählich, indem ihre Anwendung sich nach und nach dem immer weiter gesteigerten Bedürfniss nach Ausdehnung der Elektricitätswerke und nach möglichst mannigfaltigen Verwendungsarten des elektrischen Stromes anpasste.

Während sich in der ersten Zeit auch in Deutschland die Vertreter der verschiedenen Systeme verhältnissmässig schroff gegenüber standen, entschlossen sich die hervorragenden Firmen doch sehr bald, und namentlich nach dem Resultat der Frankfurter elektrotechnischen Ausstellung, welches die Gleichwerthigkeit der verschiedenen Systeme klar vor Augen führte, die vielfachen Erzeugungs- und Vertheilungsarten der elektrischen Energie ganz den jeweils herrschenden örtlichen Verhältnissen anzupassen. So wurde es möglich, sowohl in den grössten wie in den kleinsten Städten mit Nutzen für Konsumenten und Gemeinwesen Elektricitätswerke zu errichten und dabei alle die Vortheile auszunutzen, welche entweder durch Aufspeicherung oder durch Fernleitung der Elektricität in jedem einzelnen Fall geboten werden.

Die Tabelle auf Seite 120 und 121 giebt den Beweis von der überaus raschen Ausdehnung, welche die Versorgung der Städte mit elektrischem Strom innerhalb so kurzer Zeit gewonnen hat.

In der deutschen Ingenieur-Ausstellung sind Zeichnungen und Photographieen von ausgeführten Elektricitätswerken unter No. 1645, 1679, 1681, 1683 und 1700 des Katalogs der Ausst. des Deutschen Reiches zur Anschauung gebracht.

O. von Miller.

B. *Heizung und Lüftung.*

Die Heizungs- und Lüftungstechnik ist in Deutschland in hohem Grade entwickelt und in ihren Leistungen ausserordentlich vielseitig. Diese Erfolge sind namentlich dem Umstande zu verdanken, dass seit mindestens 20 Jahren akademisch gebildete Ingenieure auf diesem Gebiete thätig sind, deren Entwürfe und Ausführungen sich auf wissenschaftlichen Grundlagen aufbauen und seit etwa 10 Jahren im engsten Anschluss an die Forderungen der Gesundheitspflege vor sich gehen.

Im Heizungswesen geht das Bestreben dahin, möglichst viel Sammelheizungen anstatt der Heizung mit einzelnen Oefen einzuführen. Als solche sind für einzelne Gebäude vorzugsweise Luft-, Wasser- und Dampfheizungen in der verschiedensten Weise ausgeführt. Wenn auch jedes dieser Systeme seine besonderen Vorzüge und Nachtheile hat, so hat sich doch in Deutschland insbesondere die Niederdruckdampfheizung wegen der einfachen Bedienung ausserordentlich rasch und vielfach eingeführt. Dagegen scheint es für europäische Verhältnisse sehr schwierig zu sein, Städteheizungen in ähnlichem Umfange einzuführen, wie dies in den Vereinigten Staaten von Amerika der Fall ist. In neuerer Zeit ist man jedoch erfolgreich bemüht gewesen, die Bauwerke eines Häuserblockes gemeinsam zu beheizen, so unter anderem in Aachen und Köln. Auf einem der Grundstücke eines solchen Blocks befindet sich die Dampfkesselanlage, die sich von einer gewöhnlichen nicht unterscheidet. Zunächst betreibt der entwickelte Dampf eine Dampfmaschine, welche Elektricität erzeugt und damit für die Beleuchtung sorgt; sodann wird der Dampf in die Leitung der für den ganzen Block gemeinsamen Niederdruck-Dampfheizung entlassen. In den Häusern befinden sich keine Feuerungen, mit

Ausnahme derjenigen in den Küchen, und da man mit Dampf kochen, mit Gas etwa ebenso billig braten kann wie mit Steinkohlen, so sind die Kohlenbehälter, die Arbeiten für das Herbeischaffen der Kohlen und das Fortschaffen der Asche u. s. w. überhaupt entbehrlich. Das Röhrennetz auf den zugehörigen Grundstücken unterzubringen, macht keine ernstlichen Schwierigkeiten; die Röhrenweite und damit die Kosten und Wärmeverluste sind wegen der nicht grossen Röhrenlänge und der von jeder Anlage verbrauchten verhältnissmässig geringen Dampfmenge gering; auch die Bedienung der Heizung macht keine besonderen Kosten. Die Bewohner des Blocks erhalten das elektrische Glühlicht für die Glühlampe von 16 N.-K. zu $2^1/_2$ Pfg. für die Stunde, also zum gleichen Preise wie Gas, während für die Heizung eines mittelgrossen Zimmers 25 Pfg. für den Tag berechnet werden.

Die für künstliche Lüftung verwandten Verfahren beruhen entweder darauf, dass man sich auf die Benutzung des Temperaturunterschiedes zwischen Innen- und Aussenluft beschränkt, oder dass man die verdorbene Luft absaugt (Aspiration), oder frische Luft auf mechanischem Wege in die Zimmer einführt (Pulsion); vielfach werden auch die beiden letzteren Anordnungen vereinigt angewandt. Die Lüftung wird in ausgiebiger Weise durch die Feuer-, Wasser- und Dampf-Luftheizung bewirkt, wenn die Oeffnungen für das Zuströmen der frischen warmen Luft und das Abströmen der verbrauchten Luft so gelegen sind, dass das ganze Zimmer einen Luftwechsel erfährt. Man führt den Abflusskanal bis über Dach, wo man ihn mit einem Sauger versieht. Die Pulsionslüftung wird meist in Verbindung mit Aspiration angewandt und ist besonders da zu empfehlen, wo es sich nur um Zuführung frischer oder nicht vorher erwärmter Luft handelt. Um die Luft hierbei vorzuwärmen, wird seit Jahren, namentlich bei grösseren Anlagen, folgendes Verfahren erfolgreich angewandt. Man leitet die frische kalte Luft, nachdem sie durch eine Filterkammer mit einem keimdichten Filtertuch durchgegangen ist, durch geräuschlos arbeitende Gebläse in eine Vorwärmkammer, wo man ihre Temperatur je nach Erforderniss um 5^0 bis 15^0 C erhöht; in dieser Kammer sind auch die Vorrichtungen zur Luftbefeuchtung aufgestellt. Von hier wird die angewärmte und angefeuchtete Luft unter dem Fussboden in befahrbaren Kanälen, welche ausserdem die Rohrleitungen der Heizungsanlage enthalten, mit einer Anfangsgeschwindigkeit von 2 m i. d. Sek. nach den sich anschliessenden Zuleitungskanälen geführt, um durch sie in die zu beheizenden Räume zu gelangen. Hier münden die Kanäle in Heizvorrichtungen, welche gebotenenfalls die Luft weiter erwärmen und gleichzeitig Ersatz liefern für die durch Abkühlung verloren gegangene Wärme. Die durch Athmung verdorbene Luft wird durch Ableitungskanäle entweder nach oben oder nach unten zu Sammelkanälen geleitet, die mit einem bis über das Dach reichenden Ableitungsschlot in Verbindung stehen, worin die Luft durch die abziehenden Feuergase der Heizanlage zum schnellen Auftrieb gebracht wird; auch werden zur Verstärkung noch besondere Backöfen, Heizvorrichtungen oder auch Ventilatoren angebracht. Sauggebläse wendet man namentlich in Fabrikräumen an, wo viel Staub und der Gesundheit schädliche Stoffe in der Luft umherwirbeln. Grosse Bedeutung, namentlich für Bergwerksschächte, wo giftige Gase abzuführen sind, und für die Heizräume von Kriegsschiffen, deren Manövrirfähigkeit im Falle der Gefahr von der Ausdauer der Heizer in den heissen Heizräumen sehr abhängig ist, hat der elektrisch betriebene Ventilator erlangt, weil bei ihm die lästigen Dampfrohrleitungen fortfallen; er wird ohne Vorgelege mit einer Dynamo verbunden.

Die Deutsche Ingenieur-Ausstellung bringt Zeichnungen und Pläne von Heizungs- und Lüftungsanlagen unter No. 1638, 1660 und 1678 des Katalogs der Ausst. des Deutschen Reiches.

Hier sei auch der Bestrebungen gedacht, die insbesondere in den letzten Jahren, theilweise mit Erfolg, gemacht worden sind, um die Rauchbelästigung sowohl durch Dampfkessel- wie durch Hausfeuerungen zu beseitigen oder doch zu beschränken (s. Katalog der Ausst. des Deutschen Reiches No. 1711). Von Seiten des Vereines deutscher Ingenieure wurden anfangs 1890 zwei Preisausschreiben, das eine die Feuerungen von Dampfkesseln, das andere die Hausfeuerungen betreffend, mit Preisen von je 4000 M., erlassen, deren Ergebniss noch aussteht.

Nicht zu unterschätzen sind auch die Verdienste, welche die mit der Einrichtung von Heizungs- und Lüftungsanlagen beschäftigten Firmen sich in ihrer Mehrzahl um die Gesundheitstechnik im Allgemeinen erworben haben. Denn sie sind es, welche gleichzeitig den Bau von Desinfektionsapparaten, von Sterilisatoren, Dampfkoch- und Wascheinrichtungen, von rationellen Badevorrichtungen und dergleichen in die Hand genommen haben und gerade auch in diesen Artikeln eine lebhafte Ausfuhr betreiben (s. No. 1605 und 1696 in der deutschen Ingenieur-Ausstellung).

Eine erfreuliche Wechselwirkung zwischen Theorie und Praxis hat ferner dahin geführt, dass an der Technischen Hochschule zu Berlin seit Jahren ein besonderer Lehrstuhl für das Fach der Heizung und Lüftung errichtet ist, welchem Beispiele man auch anderwärts in absehbarer Zeit folgen wird.

C. Wasserversorgung.

Wasserversorgungen einfacher Art hat man in vielen Orten schon seit Jahrhunderten. Aus Bächen und Quellen wurde den tiefer gelegenen Städten in hölzernen, bleiernen, oder steinernen Röhren das Trinkwasser zugeleitet und in öffentlichen Brunnen, Auslaufständern u. dergl. den Einwohnern zugängig gemacht. Wassertriebskräfte führten Flusswasser durch Röhren in die Strassen zu Zwecken der Feuerlöschung und Strassenspülung. In Hamburg hatte man vor dem grossen Brande von 1842 durch englische Ingenieure die ersten Dampfwasserwerke angelegt, die sich aber als ungenügend erwiesen, so dass nach dem Brande ein den neueren Grundsätzen entsprechendes Wasserwerk zur Versorgung der ganzen damaligen Stadt mit durch Ablagerung gereinigtem Elbwasser erbaut und 1849 in Betrieb genommen wurde. Dieses inzwischen vielfach vergrösserte und mit vorzüglichen Maschinenanlagen versehene Werk liefert heute das Wasser für 600 000 Einwohner noch immer unfiltrirt; eine Filteranlage ist im Bau und wird voraussichtlich in diesem Jahre vollendet werden. Das Hamburger Wasserwerk ist für die übrigen deutschen Städte nicht als Vorbild benutzt; man schloss sich an die besseren Anlagen englischer Städte, insbesondere Londons an. Nur Magdeburg lieferte durch sein 1859 in Betrieb gesetztes Wasserwerk unfiltrirtes Elbwasser, bis im Jahre 1877 eine Filteranlage in Benutzung genommen wurde. Dagegen legten die Wasserwerke für Berlin seit 1857, und für Altona, seit 1859 in Betrieb, sofort Ablagerungs- und Filtervorrichtungen an und lieferten von Beginn an nur filtrirtes Wasser. Die letztgenannten Werke sind von Gesellschaften, die beiden erstgenannten von den Stadtverwaltungen, alle vier aber nach Plänen englischer Ingenieure erbaut. Diesen folgten 1865 Essen a. d. Ruhr, 1866 Leipzig und Posen, 1867 Witten a. d. Ruhr und Rostock und eine Anzahl kleinerer

Städte. Diese Wasserwerke wurden z. Th. von englischen, jedoch der Mehrzahl nach von deutschen Ingenieuren erbaut, welche bei dem dann eintretenden rascheren Fortgang in der Anlage von Wasserwerken bald ausschliesslich thätig wurden. Heute ist die Entwicklung soweit fortgeschritten, dass alle grösseren, fast alle mittleren und eine grosse Zahl der kleineren Städte mit Wasserversorgungsanlagen moderner Art ausgestattet sind. Je nach der örtlichen Lage sind die Werke in ihrer Anlage verschieden.

Im Flachlande der norddeutschen Tiefebene giebt es keine Gebirge mit wasserreichen Quellen; hier ist die Wasserversorgung entweder auf das Wasser der Flüsse oder auf das Grundwasser angewiesen. Letzteres wird, wenn irgend erreichbar und sobald Beschaffenheit und Menge ausreichen, unbedingt vorgezogen. Leider ist das durch Bohrungen aufgeschlossene Wasser oft durch organische (moorige) Beimengungen oder durch seinen Gehalt an kohlensauren Eisensalzen bis zur Unbrauchbarkeit verunreinigt, oder, wenn dies nicht der Fall, in Folge der zu feinen Korngrösse des Untergrundsandes nicht in ausreichenden Mengen zu erhalten. Das Grundwasser wird durch Brunnenanlagen gewonnen, und zwar, je nach Beschaffenheit des Untergrundes, durch Kesselbrunnen (grössere, in der Regel gemauerte und gesenkte Cylinder, oft in grosser Tiefe), durch Filterbrunnen, (in der Regel schmiedeeiserne Röhren, die durch Bohren, Wasserspülung u. dergl. bis in die Wasser führende Schicht getrieben werden, um ein Futter für die das Wasser aufnehmenden und abführenden Filterröhren (metallene mit Sieböffnungen in grosser Ausdehnung versehene Röhren) zu bilden), oder endlich durch Sammelröhren, (wagerecht gelagerte und mit grobem Kies überdeckte erheblich lange Schlitzröhren aus Thon oder Gusseisen). Die Maschinen pumpen das Wasser unmittelbar oder durch Vermittlung eines Maschinenbrunnens aus diesen

Wassergewinnungsanlagen. Die Zahl derartiger Werke ist beträchtlich; sie versorgen z. Th. grosse Städte z. B. Leipzig, Dresden, Köln, Elberfeld-Barmen, Nürnberg u. a. in völlig ausreichender Weise.

Ist Grundwasser nicht zu finden, so wird das Wasser den Flüssen entnommen und nach ausreichender Sandfiltration geliefert. Die Filter werden meistens als offene Behälter mit gemauerten Wänden, zuweilen auch überwölbt (Berlin, Magdeburg) oder überdacht (Königsberg, Posen) hergestellt. Als Filterschicht dient grober Sand in 60 bis 90 cm Stärke, ruhend auf einer gleich hohen Schicht von feinem und grobem Kies und Steinen, bei einer Wasserhöhe von 1 bis 1,2 m über dem Sande. Die Filter sind meistens mit Vorrichtungen versehen, die eine konstante Geschwindigkeit des Filtrirens, nicht mehr als 100 mm pro Stunde, reguliren. Alle Filterwerke haben ausgedehnte Waschanlagen, durch die der Filtersand sorgfältigst gewaschen wird. Ueberhaupt wird der langsamen und vorsichtigen Filtration in jeder Beziehung die grösste Aufmerksamkeit geschenkt.

In den Gebirgsländern kann man das Wasser ohne weiteres den Quellen, Gebirgsbächen und -Flüssen in ausreichender Güte entnehmen; man legt Brunnenfassungen, Sammelröhren oder dergleichen an und führt die Wassermengen in einen Behälter zusammen, von dem aus die Rohrleitung nach der Stadt, meistens mit natürlichem Gefälle führt. Ist dieses, wie im Flachlande fast immer, unmöglich, so werden Maschinen- und Pumpenanlagen erforderlich, meistens Dampfmaschinen, aber auch Wassermotoren, Turbinen, Wasserräder. Die ältesten Werke haben ihre Dampfmaschinen z. Th. aus dem Ausland (England und Belgien) bezogen; doch schon seit langer Zeit werden alle Pumpwerke in Deutschland gebaut, wo eine grosse Zahl vorzüglich leistungsfähiger Fabriken vorhanden ist. Man verwendet Balancirmaschinen, liegende Maschinen und auch stehende Bock-, sogenannte Hammermaschinen. Von allen Arten sind grosse Maschinen in den grösseren Werken vorhanden, sie arbeiten vorzüglich, und es ist nichts Ungewöhnliches, dass für ein Dampfpumpwerk grösserer Art von der Maschinenfabrik 8 kg Dampf oder 0,8 kg Kohlenverbrauch für 1 PS geleistete und aus dem geförderten Wassergewicht und Förderhöhe berechnete Arbeit garantirt wird. Kleine Wasserwerke erhalten meistens liegende Pumpen, für die üblicherweise nur 1¼ kg Kohlenverbrauch für 1 PS geleisteter Wasserpumparbeit, selbst für Maschinen von 40 cbm Lieferung in der Stunde, erforderlich sind.

Die Vorrathsbehälter werden, wenn eine natürliche Höhe vorhanden ist, überwölbt von Mauerwerk oder Stampfbeton hergestellt und vollständig mit Erde bedeckt. Ist dies nicht möglich, so erbaut man Wasserthürme mit hochstehenden Behältern, für welche die von Professor O. Intze konstruirte Form mit gewölbtem Boden wegen ihres geringen Materialverbrauchs sehr beliebt ist (s. No. 1650 des Katalogs der Ausst. des Deutschen Reiches).

Die Röhren für Gas- und Wasserrohranlagen wurden in früheren Jahren vorwiegend aus England, auch aus Belgien, Frankreich und der Schweiz bezogen; aber schon seit Jahren werden fast nur deutsche Röhren verwendet. Für diese haben die technischen Vereine und die Eisenwerke Normalien festgestellt, nach denen nahezu alle deutschen Ingenieure ihre Röhren anfertigen lassen. Die Normalien beziehen sich auf Metermaass, sowohl auf Muffen- und Flanschröhren wie auf Formstücke der gebräuchlichen Arten, so dass die Röhren aller deutschen Röhrengiessereien genau gleichartig sind und, von den verschiedensten Werken bezogen, immer passen. Die Wandstärke, und dadurch das Gewicht der Röhren, ist erheblich geringer als bei den englischen, belgischen und französischen Röhren; bei Röhren, die mit 20 Atmosphären Druck probirt werden sollen, beträgt die Gewichtsdifferenz reichlich 10 pCt zu Gunsten der deutschen Normalröhren.

Für die Schieber haben sich in Deutschland von fremden Ländern abweichende Formen nicht entwickelt, wohl aber für Hydranten, für welche sehr einfache, selbstthätig entwässernde Konstruktionen eingeführt sind. Von diesen Artikeln, wie auch von Röhren, werden beträchtliche Mengen ausgeführt. Die Zuleitungen von den Strassenröhren nach den Häusern (service-pipes) werden in Norddeutschland meistens von Bleiröhren, in Süddeutschland von galvanisirten Schmiedeeisenröhren hergestellt. Ist zu fürchten, dass das Wasser freie Kohlensäure oder Salze enthält, die das Blei angreifen, so werden Zinnröhren mit Bleimantel verwendet, bei denen dieser Mantel dem nicht genügend widerstandskräftigen Zinnrohr Haltbarkeit verleiht.

Der tägliche Wasserverbrauch der deutschen Städte schwankt zwischen 70 und 240 ltr. ($17^3/_4$ bis $63^1/_2$ U. S. Gallons) pro Kopf der Einwohner; in den Städten mit höherem Verbrauche wird entweder grosse Verschwendung getrieben, oder man hat dort öffentliche laufende Brunnen. Nach den Ermittlungen in vielen Städten ist ein Verbrauch von 100 ltr. (etwa 30 U. S. Gallons) pro Tag und Kopf durchaus genügend, um alle Ansprüche für die öffentlichen Zwecke und die Hausversorgung zu befriedigen. Um die Vergeudung über dieses Maass hinaus zu verhindern, haben viele Städte in Deutschland die Versorgung nach Wassermessern obligatorisch eingeführt, z. B. Berlin, Breslau, Magdeburg, und sind mit den Ergebnissen sehr zufrieden. Die Wassermesser, fast ausschliesslich sog. Geschwindigkeitsmesser, werden in sehr guter Konstruktion in deutschen Fabriken angefertigt und von diesen auch an das Ausland geliefert.

Die Wasserverbrauchseinrichtungen: Zapfhähne, Wasserclosets, Badeeinrichtungen und dergl., unterscheiden sich nicht wesentlich von den in anderen Ländern üblichen; sie werden ausschliesslich in Deutschland hergestellt.

Hierher gehörige Ausstellungsgegenstände finden sich in der Ingenieur-Ausstellung unter No. 1620. 1621, 1624, 1644, 1650, 1661, 1668, 1669, 1672, 1680, 1683, 1688 und 1705. In Anlage B sind die neuen Wasserwerke Müggelsee und Lichtenberg der Stadt Berlin ausführlicher beschrieben.

W. Kümmel.

D. Kanalisationswesen.

Seit etwa dreissig Jahren hat die systematische unterirdische Kanalisation der Städte sich in Deutschland fast überall hin verbreitet; und zwar ist ausschliesslich das englische Schwemmkanalisations-System, nach deutschen Bedürfnissen ausgebildet und verbessert, zur Anwendung gelangt. Als bahnbrechend und vorbildlich sind die in den 1860er und 70er Jahren ausgeführten bezw. in Angriff genommenen Kanalisationen von Hamburg, Danzig, Frankfurt a. M., Berlin und Breslau zu bezeichnen. Bald folgten Bremen, Hannover, Mainz, Köln, Düsseldorf, Darmstadt, Karlsruhe, Stuttgart und viele andere kleinere Städte. Gegenwärtig werden Schwemmkanalisations-Anlagen wohl in allen deutschen Städten entworfen und ausgeführt.

In verschiedenen Städten werden die Abortstoffe aus der Kanalisation ausgeschlossen, hauptsächlich weil von der Hinzufügung dieser Stoffe zu den sonstigen Bestandtheilen des Kanalinhaltes ein unzulässiger Grad der Flussverunreinigung befürchtet wird. Wenn auch im Allgemeinen diese Befürchtung einer besonderen Schädlichkeit der Fäkalien als unbegründet bezeichnet werden darf, so wird sie doch durch Vorurtheile, durch Vorstellungen von interessirter Seite und polizeiliche Verbote leider vielfach aufrecht erhalten. Die Folge davon ist, dass in häufigen Fällen die gesundheitswidrigen Abortgruben neben und unter der menschlichen Wohnung beibehalten werden, obwohl das Uebel durch Abschwemmen im Kanalnetz beseitigt werden könnte.

Die Kanalauslässe der meisten Städte münden unterhalb der Stadt in die Strömung eines Flusses. Wo Ebbe und Fluth, künstlicher Stau, zu geringe Geschwindigkeit oder zu geringe Wassermenge des Flusslaufes die Aufnahme des ungereinigten Kanalinhalts verbieten, sind künstliche Kanalwasser-Reinigungsanstalten zur Ausführung gekommen, theils in Gestalt von Rieselfeldern (Danzig, Berlin, Breslau), theils als Klärbecken, Klärbrunnen und Klärcylinder mit chemischen Zusätzen (Frankfurt a. M., Wiesbaden, Essen, Dortmund u. s. w.). Die Rieselfelder haben sich bewährt, können aber wegen des grossen Bedarfs an geeigneten Ländereien nicht überall eingerichtet werden; die chemisch-mechanischen Kläranlagen arbeiten wegen der Kostspieligkeit des Betriebes und wegen der Schwierigkeit der unschädlichen Beseitigung der Schlammmasse bisher unbefriedigend. Diese Erfahrungen und die neueren Forschungen Pettenkofer's und seiner Schüler haben in jüngster Zeit die Ansichten über die Nothwendigkeit und Nützlichkeit künstlicher Klärung in dem Sinne beeinflusst, dass mehr als bisher die selbstreinigende Kraft der Flüsse, sofern Wassermenge und Stromgeschwindigkeit ausreichend erscheinen, anerkannt wird. So ist für die Städte Hannover, Düsseldorf und Koblenz der Einlass der ungereinigten Kanalwässer in die Leine bezw. in den Rhein seitens der königlichen Staatsregierung zugestanden worden.

Sonstige Methoden städtischer Kanalisation, wie z. B.: das Liernur-, das Waring-, das Shone-System, sind in deutschen Städten nicht oder doch nicht in nennenswerther Weise zur

Anwendung gekommen. Nur die in verschiedenen Städten (Köln, Elberfeld) ausgeführte Abtrennung der Regenwässer aus den Schwemmkanälen in solchen Stadttheilen, welche unmittelbaren Abfluss des Unterwassers in den Fluss gestatten, verdient als eine Art des „Trennungssystems" genannt zu werden.

Die deutsche Ingenieur-Ausstellung bringt Pläne, Zeichnungen, Modelle ausgeführter Kanalisationsanlagen unter No. 1669 (s. ausführlichere Beschreibung in Anlage B), 1670, 1672 und 1683. J. Stübben

E. Oeffentliche Badeanstalten.

Die Entwicklung der öffentlichen Badeanstalten, sei es, dass sie durch Privat- oder Gemeindeunternehmungen ins Leben gerufen wurden, ist für die deutschen Städte eine weit jüngere als in England, Frankreich und Oesterreich-Ungarn. Hamburg, Bremen, Hannover, Karlsruhe schritten in der Einrichtung öffentlicher Bäder vorauf. In Berlin wurde die erste als Stadtbad anzuerkennende Anstalt, das Admiralsgartenbad, im Jahre 1873 erbaut, während die ersten grossen Wasch- und Badeanstalten moderner Art in England schon dreissig Jahre früher eröffnet wurden.

Seit den 1870er Jahren hat das öffentliche Badewesen in den deutschen Städten einen grossen Aufschwung genommen. Ausser den genannten Städten besitzen gegenwärtig Aachen, Barmen, Dortmund, Düsseldorf, Elberfeld, Essen, Köln, Krefeld, Leipzig, Magdeburg, München, Nürnberg, Offenbach, Stuttgart, Wiesbaden und andere Orte grössere Stadtbäder von meist vortrefflicher Einrichtung. Die Anstalten bestehen, von den Dienst- und Gesellschaftsräumen abgesehen, fast durchweg aus Zimmern oder Zellen für Wannenbäder, Räumen für Brausebäder, dem römisch-irischen (Heissluft-) und russischen (Dampf-) Bade nebst Zubehör und den Schwimmhallen. Wannen- und Brausebäder sind getrennt für Männer und Frauen, gewöhnlich in zwei nach Ausstattung und Preis verschiedenen Klassen eingerichtet. Die Heissluft- und Dampfbäder sind gewöhnlich nur dem männlichen Geschlecht zugänglich, zeitweilig aber für das weibliche reservirt. Die grösseren Anstalten besitzen getrennte Schwimmhallen für Männer und Frauen, oft in sehr reicher Ausstattung; mitunter findet sich eine besondere dritte Schwimmhalle für Schüler oder für Arbeiter, welche zu ermässigten Preisen benutzbar ist.

Die mechanischen Einrichtungen der Badehäuser, also Heizung, Lüftung, Wasserversorgung, Wassererwärmung, Wannen, Duschen, Schwimmgeräthe u. s. w., sind in Folge der Betriebserfahrungen und der grossen Zahl von Neubauten immer mehr vervollkommnet worden.

In den letzten fünf Jahren hat sich indess die öffentliche Aufmerksamkeit mehr derjenigen Art öffentlicher Badehäuser zugewendet, welche mit der Bezeichnung Volksbäder gekennzeichnet werden. Es sind Badeanstalten meist kleineren Umfanges, deren Ausstattung eine einfache und wohlfeile ist und deren Benutzung durch die weniger bemittelten Volksklassen durch billige Preissätze begünstigt wird. Z. Th. sind diese Badeanstalten das Werk von Privatpersonen, oft kommen Geldstiftungen einzelner Wohlthäter vor, zumeist aber sind auch auf diesem Gebiete die Stadtgemeinden selbstthätig vorgegangen. Einzelne industrielle Firmen haben die Einrichtung dieser Volksbäder zu einem besonderen Gegenstande ihrer geschäftlichen und technischen Bestrebungen gemacht.

Die vorherrschende Badeform in den Volksbädern ist das Brausebad, welches bei geringem Raum- und Wasserbedarf eine kräftige Hautreinigung gewährleistet. Seltener kommen Wannenbäder vor; Schwitz- und Schwimmbäder fallen fort.

Die Städte Braunschweig, Bremen, Breslau, Cassel, Frankfurt a. M., Guben, Halle a. S., Hamburg, Hannover, Köln, Magdeburg, Mainz, Mannheim, München, Regensburg, Weimar sind im Besitze solcher segensreicher Anstalten. In Berlin, Düren und an anderen Orten sind sie im Bau begriffen. Die Berliner Anstalten (No. 1669 des Katalogs der Ausst. des Deutschen Reiches; s. Beschreibung in Anlage B) erhalten bei grossem Umfange auch Schwimmhallen; eines der Mainzer Volksbäder zeichnet sich dadurch aus, dass es den Unterbau einer Turnhalle bildet. J. Stübben.

F. *Krankenhäuser und Irrenanstalten.*

Krankenhäuser. Bis in die zweite Hälfte dieses Jahrhunderts hinein hielt man in Deutschland bei der Errichtung von Krankenhäusern an geschlossenen mehrstöckigen Gebäuden fest, bei denen Säle von meist 12 Betten, abwechselnd mit den erforderlichen Nebenräumen, sich einseitig an Korridore anreihen. Die guten Erfolge, welche auch in Deutschland zu Ende des vorigen Jahrhunderts und während der Napoleonischen Kriege mit einstöckigen, über dem Erdboden erhöhten und mit Dachventilation versehenen Barackenbauten erzielt waren, hatten, den einen in den vierziger Jahren mit den Güntherschen Luftbuden in Leipzig gemachten Versuch abgerechnet, weder bei Militärlazarethen noch bürgerlichen Krankenhäusern zu einem Bruch mit dem veralteten Systeme geführt.

Erst die Erfahrungen, welche v. Volkmann und Stromeyer 1866 im böhmischen Feldzuge machten, lenkten die allgemeine Aufmerksamkeit wieder auf die hölzerne Baracke.

Es ist das Verdienst Esse's, die erste Baracke in der Charité zu Berlin 1866/67 errichtet zu haben, unter dessen

Leitung weitere Versuche, den einstöckigen Saalbau für unsere Krankenhäuser auszubilden, entstanden.

In dieselbe Zeit fielen die Vorbereitungen für das erste, bereits in feuersicherer und der Infektion weniger ausgesetzter Bauweise hergestellte grosse Krankenhaus der Stadt Berlin im Friedrichshain, dessen Pläne 1868 feststanden und dessen Erbauung im Sinne einer Musteranstalt durch Virchow's energisches Wirken gefördert wurde. Ihm folgte die Erbauung des akademischen Krankenhauses in Heidelberg unter Leitung Knauff's, und die Errichtung des ersten Barackenlazareths mit nur einstöckigen Krankengebäuden in Leipzig unter Leitung von Thiersch und Wunderlich, denen dann die Erweiterungsbauten des Dresdener Krankenhauses sich anschlossen.

Seitdem haben auf diesem Gebiete in Deutschland der Staat durch Errichtung von Kliniken, die Militärverwaltungen bei Erbauung von Garnisonhospitälern und endlich Gemeindestiftungen eine mannigfach fördernde Thätigkeit unter der Mitwirkung einer Reihe hervorragender Aerzte und Architekten entwickelt und die Ausbildung des in der Baracke liegenden Gedankens sowie seine Nutzbarmachung für stationäre Anlagen gefördert.

Man nahm mehr und mehr das Zerstreuungssystem an, d. h. die Auflösung des geschlossenen Krankengebäudes in eine Zahl von Einzelgebäuden bei allen grösseren Anlagen. Dabei wurde indessen nicht immer der einstöckige Bau allein verwendet, vielmehr entstanden, wo das Terrain beschränkt war, neben diesem auch zwei-, ja dreistöckige Saalbauten. Oft hielt man auch an der Beschaffung kleiner Räume fest, wo es die Krankheitsformen oder überwiegend praktische Erfordernisse zu bedingen schienen, und bildete neben den Saalbauten den sogenannten Blockbau aus, in dem kleinere Einzelabtheilungen und Stationen sich bilden liessen. Ueberall aber war man bei der inneren Eintheilung darauf bedacht, jedes Gebäude mit den erforderlichen Nebenräumen auch für die Aerzte, das Dienst- und Pflegepersonal auszustatten. Die Mannigfaltigkeit, welche dadurch in der Ausbildung der Einzelgebäude entstanden ist, hat vor schematischer Behandlung bewahrt.

Die Gruppirung der Bauten auf dem Terrain wurde unter Berücksichtigung der örtlichen Bedürfnisse und der herrschenden Winde getroffen und Knauff's Studien verwerthet, um die für die Tödtung der Infektionskeime so wichtige Einwirkung der Sonnenstrahlen auf die Gebäude und deren Umgebung möglichst zur Geltung zu bringen.

Mannigfache und eingehende Studien wurden dabei hinsichtlich der Heiz- und Ventilationsanlagen gemacht und reiche Erfahrungen gesammelt.

Bei den **allgemeinen Krankenhäusern** beschränkte man sich meist auf die Einrichtung einer medizinischen und einer chirurgischen Abtheilung, zu denen wohl eine kleine Station für ansteckende Krankheiten, manchmal auch eine Beobachtungsstation für Geisteskranke hinzutrat, während es vielfach an Isolirstationen fehlte, da bei den meisten Krankenhäusern in Deutschland die ansteckenden Krankheiten ausgeschlossen sind. Besondere Gebäude für geburtshülfliche Zwecke wurden selten vorgesehen, da hierfür meist gesonderte Anstalten errichtet wurden

Während der Neubau allgemeiner Krankenhäuser in neuerer Zeit meist durch die Gemeinden erfolgte, ging die Stiftung von **Kinderkrankenhäusern** für ansteckende oder nicht ansteckende Krankheiten in Deutschland allgemein aus der Privatwohlthätigkeit hervor. Derartige neuere Anlagen grösseren Umfangs sind in den letzten Jahren in Berlin und Leipzig entstanden. Für die einzelnen Infektionskrankheiten sind hier völlig von einander getrennte Gebäude errichtet, deren Anordnung zu einander den Verkehr, auch des Pflegepersonals, ausschliesst.

Von den Epidemiekrankenhäusern und Kriegslazarethen, die als temporäre Anlagen in den letzten Jahrzehnten entstanden sind, hat sich als grösstes allein das in Moabit errichtete erhalten. Es besteht noch jetzt als allgemeines Krankenhaus und leistet nach angemessenem Ausbau vortreffliche Dienste.

Eine weitere Förderung hat dem Krankenhausbau die Errichtung der Kliniken gebracht, welche in neuerer Zeit an fast allen deutschen Universitäten eingerichtet und z. Th. in grossartigster Weise ausgestattet sind. Ausser medizinischen und chirurgischen Kliniken finden wir Frauenkliniken, weiterhin Specialkliniken für Nervenleiden, sowie solche für Hals-, Nase-, Ohren- und Hautkrankheiten.

Die in Folge der Verbindung der Krankenstationen mit den Lehrräumen entstehenden baulichen Schwierigkeiten gestatteten selten, das Krankengebäude als besonderen Bau zu errichten, wie in Heidelberg und Berlin geschehen; man hat daher meist die Unterrichts- und Krankenräume für jede Spezialklinik in einem Gebäude vereinigt. Wo dieses eine grössere Ausdehnung erhielt, schloss man die Krankenräume als Flügelbauten an das Lehrgebäude an und stellte die Verbindung durch Hallen bezw. Gänge her.

Für Specialkrankheiten sind ausserdem in Deutschland von Aerzten in Gestalt von Privatkliniken zahlreiche Institute errichtet worden.

In Anschluss an die Berliner Universität ist in den letzten Jahren die erste Specialanstalt für ansteckende Krankheiten: das Institut für Infektionskrankheiten, unter Leitung Koch's als einstöckiger Pavillonbau entstanden.

Zur Zeit des deutsch-französischen Krieges 1870/71 wurde in Deutschland eine grosse Zahl von temporären Hospitälern gebaut, welche meist nach Aussergebrauchsetzung abgebrochen wurden. Ihr segensreiches Wirken hat die vorstehend dargestellte Entwicklung des Krankenhausbaues wesentlich mit gefördert und auch bei Neubauten von Garnisonlazarethen in der Bauart die gleichen Ziele verfolgen lassen wie bei den allgemeinen Krankenhäusern. Unter diesen wurde das Garnisonlazareth in Tempelhof bei Berlin massgebend für viele andere neue Anlagen und gab die Grundlage ab für ein allgemeines Reglement.

Die Erfahrungen des gedachten Feldzuges haben aber noch eine weitere Bedeutung erlangt durch Ausbildung einer neuen provisorischen Form von Krankenräumen, der transportablen Lazarethbaracken, welche auf Veranlassung der Kaiserin Augusta 1884 zu einer internationalen Konkurrenz führte. Die werthvollen Resultate, die diese Bestrebungen gezeitigt haben, kommen nicht nur den Kriegszeiten zu statten. Zahlreiche allgemeine Krankenhäuser haben in ihren weiten Gärten solche leicht auszuführenden Baracken zu Evakuations- und Isolirzwecken benutzt.

Der jetzige Stand des Krankenhausbaues ist der, dass man, wo es die Terrainverhältnisse irgend gestatten, nur einstöckige Krankengebäude errichtet. Vorbildlich ist in dieser Beziehung der in Hamburg-Eppendorf unter der Leitung von Curschmann entstandene Bau geworden. Diese Anstalt, welche auch mit der bis jetzt festgehaltenen Einschränkung auf 700 Betten für allgemeine Krankenhäuser bricht, zeigt fast durchgehend einstöckige Bauten.

Zum erstenmal wurden hier auch für zahlende Kranke besondere Gebäude errichtet, die man bisher in den allgemeinen Krankenhäusern in verschiedenen Räumen zerstreut unterbrachte.

Die allgemeinen Krankenhäuser sucht man neuerdings durch Rekonvalescentenanstalten, die in weiterer Entfernung von der Stadt angelegt werden, zu entlasten; auch wurde neuerdings eine grössere Isolirung der Lungenkranken bei manchen Anlagen durchgeführt.

In der Ingenieur-Ausstellung ist seitens des Magistrates von Berlin das Krankenhaus am Urban vorgeführt (No. 1669 des Katalogs der Ausstellung des Deutschen Reiches; s. a. Anlage B).

Irrenanstalten. Krankenanstalten zur Heilung und Pflege von Irren unter Leitung von Aerzten sind in Deutschland erst im Anfang dieses Jahrhunderts errichtet worden, nachdem bahnbrechende Aerzte, wie Reil, Langermann und andere, für die ärztliche Behandlung Irrsinniger gewirkt hatten.

Man trennte anfänglich die heilbaren von den unheilbaren Geisteskranken und errichtete für erstere besondere „Heilanstalten" (Sonnenstein bei Pirna 1810, Siegburg 1822, Leubus und Sachsenberg 1830, Greifswald und Winnenthal 1834), für die Unheilbaren dagegen „Pflegeanstalten" (Brieg, Colditz, Zwiefalten, Bunzlau, Pforzheim u. s. w.).

Für mehrere dieser Anstalten waren alte Gebäude verwendet worden. Erst durch Nasse, Jacobi und andere hervorragende Irrenärzte wurde das öffentliche Interesse auf die Nothwendigkeit von Heilversuchen hingewiesen. Regierungen und Gemeinden bethätigten dieses Interesse bald durch Errichtung neuer Anstalten. Da sich indessen die Trennung der heilbaren Kranken von den unheilbaren wegen der unsicheren Prognose als schwierig erwies, die räumliche Trennung Unzuträglichkeiten mit sich brachte, und der Bau sowie der Unterhalt zweier Arten von Anstalten höhere Kosten verursachte, ging man schon in den vierziger Jahren zu den sogenannten „relativ verbundenen Anstalten" über, in denen Heilbare und Unheilbare zwar getrennt gehalten, aber in derselben Anstalt untergebracht wurden (Illenau 1842 und

Halle 1844—56). Diese fanden jedoch keine ausgedehnte Nachahmung, so dass man schon Mitte des Jahrhunderts zu den „gemischten", oder „absolut verbundenen Anstalten" überging, in denen weder bei der Aufnahme, noch in Bezug auf Beköstigung eine Trennung zwischen beiden Gattungen stattfand.

In Folge grossen vorhandenen Bedürfnisses entstanden zugleich viele Privatinstitute.

Auch die öffentlichen Anstalten nahmen Kranke der besseren Stände als Pensionäre auf, um ihre Unterhaltungskosten zu erleichtern. Man theilte in diesen die ruhigen und unruhigen Kranken in drei Verpflegungsklassen.

In der Siegburger Anstalt, die allmählich baufällig wurde, hatte man trotz der Ueberfüllung die Beobachtung gemacht, dass das Wirken einer einzigen Anstalt in einer Provinz selbst bei centraler Lage wegen der zu grossen Entfernung von einzelnen Provinztheilen der Bevölkerung fremd blieb, und dass Misstrauen und Vorurtheil die nothwendige Wechselwirkung zwischen der Heilstätte und dem Landesgebiete, für das sie bestimmt war, erschwerten.

Die Bewohner suchten nicht gern und rasch genug Hülfe in der Anstalt. Es ergab sich, dass sie seitens der entfernt gelegenen Gegenden der Provinz in geringerem Maasse benutzt wurde, und dass sich die Genesungen dort um 6 bis 7 pCt ungünstiger stellten.

Die Kommission, welche 1865 wegen eines Ersatzes von Siegburg eingesetzt wurde, beschloss daher örtliche Theilung der Irrenpflege und Erbauung gemischter Heil- und Pflegeanstalten in jedem der 5 Regierungsbezirke der Rheinprovinz.

Die Specialkommission forderte, um zu grosser Ausdehnung der neuen Anstalt vorzubeugen, Ausscheidung der von vollständigem Sinnverlust heimgesuchten Kranken und der epileptischen Irren und deren Ueberweisung an besondere Siechenanstalten.

Das Bauprogramm für die fünf neuen rheinischen Anstalten zu Grafenberg, Bonn, Andernach, Düren und Merzig ordnete die Abtheilungen der in den Anstalten verbleibenden Kranken nach folgendem Verhältniss:

> für ruhige Kranke . . . . 56 pCt
> „ halbruhige Kranke . . . . . . 22 „
> „ unreinliche Kranke . . . . . 11 „
> „ neu aufgenommene Kranke . . 11 „
> zusammen 100 pCt,

und verlangte für Ausdehnung der Krankenabtheilungen und des Isolirgebäudes 6 pCt der Gesammtzahl, ausserdem für ansteckende Krankheiten und zu zeitweiser Evakuirung der anderen Abtheilungen in Reparaturfällen eine Reserveabtheilung für jedes Geschlecht.

In Folge der Erfahrungen der Irrenärzte, dass das wirksamste Heilmittel für einen Theil der Kranken in regelmässiger Beschäftigung im Freien gefunden sei, ist bei Errichtung der meisten neueren Irrenanstalten ein ausgiebiges Terrain für Garten- und Feldkulturen gesichert worden.

Die erste Ackerbaukolonie wurde 1864 in Einum als Filiale der Irrenanstalt Hildesheim gegründet.

Einen durchschlagenden Erfolg bezüglich der Ausbildung von Ackerbaukolonieen erzielte die Errichtung der Anstalt in Alt-Scherbitz im Regierungsbezirk Magdeburg 1876, deren Baukosten sich auf 1400 M. für einen Kranken stellten, während die bis dahin theuerste Anstalt, die in Merzig, 8230 M. erfordert hatte, beides ausschliesslich Grunderwerb und Einrichtung.

Die Formen und Grössen der Anstalten wechseln nach dem Bedürfniss. Während die von Funk und Rasch 1862 bis 1866 erbauten Anstalten in Osnabrück und Göttingen, sowie die von Gropius und Schmieden gleichzeitig erbaute

Anstalt zu Neustadt-Eberswalde noch der offenen Hofform in der Hauptsache folgen, ist Saargemünd von Plage 1875—80 für 400 Kranke und 100 Kolonisten, Dalldorf von Blankenstein 1877—79 für 1000 Irre, Neustadt in Westpreussen 1881—83 für 400, Lauenburg in Pommern für 600 Kranke 1888 nach dem Pavillonsystem erbaut worden.

Die als zulässig erachtete Grösse der Anstalten, die früher bei 200, dann bei 400 Kranken ihre Grenze erreichte, hat man jetzt auf 600 bis 700 Kranke ausgedehnt, letzteres insbesondere mit Hinweis darauf, dass nur unter einer grösseren Zahl von Kranken die genügende Arbeiterzahl für Gärten und Feld sowie für Werkstätten erhalten wird. In kleineren Anstalten ist ein landwirthschaftlicher Betrieb ausgeschlossen.

Man fordert jetzt pro 1000 Köpfe der Bevölkerung Fürsorge für einen Anstaltskranken, für jeden Regierungsbezirk eine Anstalt und centrale Lage innerhalb desselben, mit passender Eisenbahnverbindung und, wenn möglich, nicht weiter als 2 bis 3 km von der Station entfernt, vereinfacht aber die Anlagen selbst in Folge der Erkenntniss, dass hinsichtlich der Trennung viele komplicirte Einrichtungen innerhalb einer Anstalt überflüssig sind.

Nach dem neueren Standpunkt der Irrenlehre in Deutschland fordert Pelman 1876 besondere Anstalten:

1. für arme Irren, heilbarer und unheilbarer Art, da grosse Anstalten sesshafte Arbeiter brauchen, die immer aus der Zahl der Pfleglinge genommen werden können; im Falle der Ueberfüllung: Ueberweisung der Siechen, Gelähmten und bis zur Arbeitsunfähigkeit Blödsinnigen an Siechen- oder Pflegeanstalten;

2. für selbstzahlende Kranke (Pensionäre), die nach Pelman's Meinung eine Irrenanstalt schon in den Baukosten unnütz vertheuern und besser in den

guten und zahlreichen Privatanstalten Unterkunft finden;

3. für geisteskranke Verbrecher, welche die allgemeinen Irrenanstalten belasten, in denen nicht genügende Sicherheit für ihr Entweichen aus der Anstalt geboten werden kann:

4. für Idioten;

5. für Trunkenbolde.

In den Krankenanstalten für arme Irre fordert Pelman ausser der Trennung der Geschlechter besondere Abtheilungen:

1. für ruhige Kranke;
2. „ halbruhige Kranke;
3. „ unruhige Kranke;
4. „ unreinliche und gelähmte Kranke;
5. „ körperlich leidende Kranke;
6. „ epileptische Kranke;
7. „ neu aufgenommene Kranke;
8. „ arbeitende Kranke;
9. „ eine Ackerbaukolonie für $^1/_5$ bis $^1/_6$ der Männer.

Besondere Tobabtheilungen verwirft Pelman, fordert dagegen Einzelzimmer in allen Abtheilungen, auch bei den ruhigen Kranken.

Bei der baulichen Anordnung solle die Aufnahmeabtheilung, die Abtheilung der körperlich Leidenden, sowie der kürzlich Erkrankten in enger Verbindung mit der Verwaltung im geschlossenen Hauptgebäude untergebracht werden, denen gebotenenfalls die ruhigen Kranken angeschlossen sein können. Er verweist die körperlich Leidenden in dessen zweites Geschoss und fordert für deren Infirmerie, die nicht gross genug angenommen werden könne, auch einen gemeinsamen Wohnraum, da es sich hier besonders um alte, oder besonderer Schonung bedürftige Kranke handele.

Eventuell könne man die ruhigen Kranken der Infirmerie in den ersten Stock und die unsicheren Elemente in das Erdgeschoss legen.

Für ansteckende Krankheiten wird ein besonderer Pavillon gefordert, um deren Ausbreitung zu verhüten.

Eigene Pavillons schlägt er vor für die Halbruhigen, die Unruhigen, die Unreinlichen und Gelähmten, die Epileptischen und ·die arbeitenden Kranken, deren Werkstätten mit ihren Wohnungen am Besten in demselben Block unterzubringen sind.

Feldarbeiter der Kolonie sind in einfachen ländlichen Wohngebäuden auf der Kolonie unterzubringen.

Für Männer und Frauen getrennt, soll ausserhalb der Gebäude freier Verkehr in den Gärten herrschen. Eine Gesammteinzäunung mit einem einzigen Ausgang soll die Anstalt abschliessen.

Er wünscht baulich kleine Abtheilungen für 15 bis 20 Kranke mit 2 bis 3 Wärtern zu bilden, um innerhalb deren beliebige Versetzungen vornehmen zu können.

Für ein Drittel der Kranken sollen Einzelschlafzimmer zu 1 oder 3 Betten vorgesehen werden, für zwei Drittel der Kranken grosse gemeinschaftliche Schlafzimmer. Esssäle in unmittelbarer Verbindung mit Küche, die am zweckmässigsten zwischen den männlichen und weiblichen Abtheilungen liegt, sollen vorhanden sein.

Bezüglich der Anordnung der Wohn- und Schlafräume entscheidet er sich für die sogenannte vertikale Theilung, nach welcher die Wohnräume im Erdgeschoss, die Schlafräume im ersten und zweiten Stock liegen, wodurch den ersteren direkter Ausgang ins Freie gesichert ist und in den oberen Stockwerken die kostspieligen Korridore wegfallen. Nur bei den Gelähmten ist horizontale Anordnung nöthig. Sie wird auch für zahlende Kranke vorgezogen.

Einzelbäder fordert er nur für die Infirmerie, für die Gelähmten und Unruhigen im Parterre. Für alle anderen Abtheilungen genüge eine gemeinsame grössere Badeanlage mit Bassinbad.

Bezüglich der Gesammtanordnung empfiehlt sich bei kleineren Anstalten ein modifizirtes Cottage-System d. h. kleinere Häuser mit streng familiärem Charakter auf grossem Terrain vertheilt (wie Schweizerhof bei Zehlendorf, auch Marburg); für 200 Kranke das Pavillon- oder Blocksystem, für 500 bis 600 Kranke Verbindungen verschiedener Systeme.

Alle den Männer- und Frauenabtheilungen gemeinschaftlichen Theile der Anstalt müssen in der Mitte zwischen den einzelnen Abtheilungen liegen.

Griesinger verlangte neben den grossen Irrenanstalten sogenannte Stadtasyle für vorübergehenden Aufenthalt Geisteskranker mit akut auftretenden Krankheitserscheinungen.

Beobachtungsstationen für Irre finden sich in einem Theil der öffentlichen Krankenhäuser in Deutschland.

Bei den Universitätsinstituten sind ausserdem in Strassburg, Heidelberg, Würzburg und Jena Irrenkliniken errichtet worden; man beschränkte sich anderenorts bis jetzt auf eine Abtheilung für Nervenkranke in der inneren Klinik.

Auf dem im Vorstehenden entwickelten Standpunkt steht man im Allgemeinen auch heute noch. Man hält die mannigfachen, allmählich nach dem Bedürfniss entstandenen Formen der bestehenden über 200 Irrenanstalten in Deutschland mit ihren verschiedenen Aufnahmebedingungen nicht für nachtheilig. Neuerdings neigt man dazu, Anlagen für Kolonisten auszudehnen bis zur Hälfte der Krankenzahl.

Für die Pflege der Idioten hat man in Deutschland erst neuerdings besondere Anstalten errichtet.

Die erste war die Idioten- und Erziehungsanstalt in M.-Gladbach, 1861 gegründet, die jetzt 176 Pfleglinge aufnimmt.

Grösser ist die Anstalt in Langenhagen bei Hannover. Die grossartigste Anstalt der Art ist die unter der Leitung von Bodelschwingh's stehende in Gadderbaum bei Bielefeld, die 1865 gegründet wurde und sich allmählich so entwickelt hat, dass 1890 die Gesammtzahl der zugehörigen Personen 2000 betrug, die sich auf 150 Häuser vertheilten.

Die Erziehungsanstalt für idiotische Kinder in Dalldorf bietet für 100 Kinder Platz.

Andere Anstalten sind u. a. zu Idstein im Taunus für 150 Pfleglinge, zu Wittekindshof zu Volmendingen für 60 Pfleglinge vorhanden.

Für Epileptische hat die Berliner Stadtverwaltung in Biesdorf bei Berlin eine Anstalt errichtet für 240 Kranke mit einer Kolonie für 660 Kranke und ein Haus für jugendliche Epileptiker für 100 Pfleglinge.

Bei allen diesen Anstalten ist man dem Zerstreuungssystem gefolgt. Man fordert, dass die Kranken in möglichst kleiner Zahl unter einem Dach vereinigt werden, da man fand, dass bei grösserer Anhäufung Erschwernisse im Betrieb eintraten und die Trennung nicht nur nach Geschlechtern, sondern auch nach Alter, Stand und vor Allem nach der Art ihrer Krankheit erfolgen müsste.

Die Errichtung des Trinkerasyls bei Lintorf, Regierungsbezirk Düsseldorf, 1851, hat bis jetzt keine Nachahmung gefunden.

Dieses Asyl nimmt neuerdings auch Trinker aus besseren Ständen auf.

In der Ingenieur-Ausstellung hat der Magistrat von Berlin Pläne und ein Buch über die Irrenanstalten in Dalldorf und Herzberge bei Berlin, ferner Pläne der Pflegeanstalt für Epileptische in Wuhlgarten bei Berlin unter No. 1669 ausgestellt; näher beschrieben sind diese Anstalten in Anlage B.

H. Schmieden und O. Kuhn.

G. *Schlachthäuser und Viehhöfe.*

Die neueren Schlachthäuser werden durchgängig mit mehr oder minder vollständigen maschinellen Betriebseinrichtungen ausgestattet. Allmählich haben sich gewisse leitende Gesichtspunkte herausgestellt, die jetzt bei den Neuanlagen ziemlich allgemein befolgt werden. Danach trennt man z. B. die Schlachträume für Grossvieh, Kleinvieh und Schweine, ferner die Kaldaunenwäsche von einander und befolgt als Regel, dass Transportkreuzungen von Vieh, Fleisch und Kaldaunen nicht vorkommen dürfen. Pferdeschlächtereien werden stets ausser unmittelbaren Zusammenhang mit dem Hauptschlachthause angeordnet. In Verbindung mit den Schlachthäusern finden sich in mehr oder weniger grosser Vollständigkeit an industriellen Anlagen: Talgschmelzereien, Albuminfabriken, Darmschleimereien u. a.

Besondere Sorgfalt wird den Entwässerungs-, Wasserversorgungs-, Beleuchtungsanlagen und den Kühlvorrichtungen zugewandt.

Die Kühlhäuser sind durchgängig mit maschinellem Betrieb eingerichtet. Die hierbei verwandten Kältemaschinen müssen im Stande sein, die fortwährende Wärme- und Feuchtigkeitszufuhr vollständig zu bewältigen. Hauptsächlich werden dazu in neuerer Zeit Kompressionsmaschinen unter Verwendung von schwefliger Säure, Ammoniak oder Kohlensäure benutzt; letztere kommt jetzt mehr zur Verwendung als früher, seitdem es gelungen ist, Maschinen für den erforderlichen hohen Druck von 60 bis 70 Atm. zweckmässig herzustellen.

Die durchgängig in Verbindung mit den Schlachthäusern angelegten neueren Viehhöfe umfassen neben den Geschäfts- und Erfrischungsräumen die Stallungen für das zugeführte Vieh, getrennt nach Grossvieh, Kleinvieh und

Schweinen, und die meist als luftige Hallenbauten ausgeführten Marktstände.

Eine Musteranlage im grossen Stil ist der neue Schlacht- und Viehhof in Berlin, der im Anhang B ausführlicher beschrieben ist (Zeichnungen und Buch unter No. 1669 des Katalogs).

H. Markthallen.

An Stelle der in Deutschland früher ausschliesslich üblichen offenen Märkte sind in den letzten Jahren in grösseren Städten vielfach Markthallen getreten. Die im Anhang B beschriebene städtische Central-Markthalle in Berlin kann als gutes Beispiel für grössere derartige Anlagen dienen (s. Pläne unter No. 1669 des Katalogs).

ANLAGEN.

A. Eiserne Brücken, Docks, Bahnhofshallen und andere Eisenkonstruktionen.

B. Einige hervorragende neuere Bauanlagen der Stadt Berlin.

Anlage A. *Eiserne Brücken, Docks, Bahn*

1	2	3	4		
			Hauptöffnungen		
No.	Namen des Bauwerkes	dient für	Zahl	Licht- weite m	Stütz- weite m

Eiserne Brücken
I. Rhein.

No.	Namen des Bauwerkes	dient für	Zahl	Lichtweite m	Stützweite m
1	Rheinbrücke bei Köln	Strasse u. zweigleisige Eisenbahn	4	98,24	103,6
2	Rheinbrücke bei Kehl	zweigleisige Eisenbahnbrücke	3	56	—
3	Rheinbrücke bei Mainz	2 eingleisige Eisenbahnbrücken	4	—	105,2
4	Rheinbrücke bei Coblenz (alte)	zweigleisige Eisenbahn	3	96,6	98
5	Brücke über den alten Rhein bei Griethausen	zweigleisige Eisenbahn	1	100,14	104,2
6	Rheinbrücke zwischen Mannheim und Ludwigshafen	zweigleisige Eisenbahn u. Strasse	3	—	90
7	Rheinbrücke bei Hamm (Düsseldorf)	zweigleisige Eisenbahn	4	—	106
8	Rheinbrücke bei Wesel	zweigleisige Eisenbahn	4	96,28	101,49
9	Rheinbrücke bei Duisburg-Hochfeld	zweigleisige Eisenbahn	4	—	98,06

hofshallen und andere Eisenkonstruktionen.

und Docks.
No. 1—16.

System der Hauptträger	Gesammt-Gewicht der Eisenkonstruktion t	Ausführungsjahre	Konstrukteur	Fabrik
Paralleltäger; engmaschiges Gitterwerk; kontinuirlich über je zwei Oeffnungen	2802,8 f. d. Eisenbahnbrücke, 1740 f. d. Strassenbrücke	1855/59	Lohse	Regiebau
Paralleltäger; engmaschiges Gitterwerk	—	1856/57	—	—
Pauli-Träger; beide Gurtungen gekrümmt	1437 f. d. erste 1575 f. d. zweite Gleis	1861/62 1870/71	Gerber	Klett & Co., Nürnberg
Bogenträger mit zwei Gelenken	1931,4	1862/64	Hartwich, Sternberg, Bendel	Kölner Maschinenbau-A.-G. u. Gesellschaft Harkort, Duisburg
Paralleltäger; dreifaches System; Pfosten und Schrägstäbe	513	1863/64	Hartwich	Kölner Maschinenbau-A.-G.
Paralleltäger; zweifaches System; Pfosten u. Diagonalen	—	1865/67	Basler	—
Halbparabelträger; dreifaches System; Pfosten und Schrägstäbe	—	1867/70	Pichier und Wittmann	Gesellschaft Harkort, Duisburg
Halbparabelträger; zweifaches System; Pfosten und Schrägstäbe	2501,6	1871/74	Dreling	Prange & Co., Magdeburg-Oberhausen
Bogenträger	2567	1873	—	Gutehoffnungshütte, Oberhausen

Anlage A.

154

1	2	3	4		
			Hauptöffnungen		
No.	Namen des Bauwerkes	dient für	Zahl	Licht-weite m	Stütz-weite m
10	Rheinbrücke bei Germersheim	zweigleisige Eisenbahn	3	—	$90_{,0}$
11	Rheinbrücke bei Alt-Breisach	eingleisige Eisenbahn	3 4	70 27	72 28
12	Rheinbrücke bei Neuenburg	eingleisige Eisenbahn	3 4	70 27	72 28
13	Rheinbrücke bei Hüningen	eingleisige Eisenbahn	3 2	70 35	72 36
14	Rheinbrücke bei Coblenz (neue)	zweigleisige Eisenbahn	2	—	107
15	Rheinbrücke bei Reenen	zweigleisige Eisenbahn	3 5	— —	$93_{,5}$ $47_{,5}$
16	Rheinbrücke zwischen Mainz und Castel	Strasse	1 2 2	$102_{,092}$ $98_{,125}$ $86_{,254}$	$103_{,342}$ $99_{,385}$ $87_{,514}$

II. Elbe.

17	Elbbrücke bei Tangermünde	zweigleisige Eisenbahn	14	$63_{,5}$	$66_{,0}$
18	Elbbrücke bei Meissen	eingleisige Eisenbahn	3	$51_{,2}$	$55_{,0}$
19	Elbbrücken bei Hamburg und Harburg	zweigleisige Eisenbahn	7	—	$99_{,178}$
20	Elbbrücke bei Dömitz	zweigleisige Eisenbahn	4	65	$67_{,79}$
21	Elbbrücke bei Niederwartha	eingleisige Eisenbahn und Strasse	3	60	62
			7	—	21

Eiserne Brücken.

5	6	7	8	9
System der Hauptträger	Gesammt-Gewicht der Eisenkonstruktion t	Ausführungsjahre	Konstrukteur	Fabrik
Halbparabelträger; zweifaches System; Pfosten u. Diagonalen	1776	1874/77	Schleicher und Trau	Gebr. Benkiser, Pforzheim
Paralleltträger; zweifaches System; Pfosten und Schrägstäbe; in den Endfeldern Druckstreben	665,1 164,3	1874/77	Wolf und Laubenheimer	Gutehoffnungshütte, Oberhausen
	664,7 163,2	1876/78	Kern und Kräuter	
	664,7 127,0	1875/78	Kriesche	
Bogenträger mit zwei Gelenken	1149,8	1876/79	Altenloh und Dörenberg	Gutehoffnungshütte, Oberhausen
Parabelträger Paralleltträger	3549	1882/83	—	Gutehoffnungshütte, Oberhausen
Bogenträger mit zwei Gelenken	795,45 1504,85 1300,64	1882/84	Lauter, Bilfinger und Thiersch	Gebr. Benkiser, Pforzheim

No. 17—29.

Schwedler-Träger; zweifaches System; Pfosten und Schrägstäbe	3460	1866	Schwedler	—
Halbparabelträger	—	1867	Schwedler	—
Lohse-Träger (kombinirter Bogen- u. Hängeträger)	4304	1868/72	Lohse	Gesellschaft Harkort, Duisburg
Schwedler-Träger; zweifaches System; Pfosten und Schrägstäbe	1041	1870/74	Häseler	—
Halbparabelträger; Pfosten u. Schrägstäbe; zweifaches System Paralleltträger	902 398,7	1874	—	Gutehoffnungshütte, Oberhausen

Anlage A.

1	2	3	4		
			Hauptöffnungen		
No.	Namen des Bauwerkes	dient für	Zahl	Licht-weite m	Stütz-weite m
22	Elbbrücke bei Schandau	eingleisige Eisenbahn und Strasse (getrennt)	1 2 1 2	80 — 80 —	$83_{,2}$ $52_{,0}$ $83_{,2}$ $52_{,0}$
23	Elbbrücke bei Barby	zweigleisige Eisenbahn	6 10	63	$65_{,16}$ $33_{,75}$
24	Elbbrücke bei Lauenburg	zweigleisige Eisenbahn	3	$100_{,5}$	$103_{,5}$
			3	$49_{,5}$	$51_{,5}$
25	Elbbrücke bei Riesa	zweigleisige Eisenbahn und Strasse	3 1	—	101 $44_{,4}$
26	Elbbrücke bei Magdeburg (Umbau)	eingleisige Eisenbahn	1	—	$49_{,3}$
27	Brücke über die Norderelbe bei Hamburg	Strasse	3	—	101
28	Elbbrücke bei Wittenberg	Strasse	2	—	$45_{,2}$
29	Brücke über die Norderelbe bei Hamburg	zweigleisige Eisenbahn	3 4	— —	100 $21_{,656}$
					III. Donau.
30	Donaubrücke bei Vilshofen	Strasse	2 3	— —	$77_{,4}$ $38_{,7}$
31	Donaubrücke bei Poikam	eingleisige Eisenbahn	4	—	52

Eiserne Brücken.

5	6	7	8	9
System der Hauptträger	Gesammt-Gewicht der Eisenkonstruktion t	Ausführungsjahre	Konstrukteur	Fabrik
Halbparabelträger; Pfosten und Schrägstäbe	139,5 1f8,1 257,5 188,7	1875/77	Holekamp	Königin-Marienhütte, Cainsdorf
Halbparabelträger; Pfosten und Schrägstäbe	2681	1875/77	van den Bergk und Holzberger	Gutehoffnungshütte, Oberhausen
Halbparabelträger; zweifaches System; Parallelträger; zweifaches System; Pfosten und Schrägstäbe	—	1876/78	Koenen und Wiesner	—
Parabelträger; Schrägstäbe; dreifaches System	—	1878/79	Koepcke	—
Halbparabelträger; Pfosten und Schrägstäbe	—	1884/85	Dyrssen	—
Lohse-Träger	2250	1884/88	Gleim und Engels	Gesellschaft Harkort, Duisburg
Schwedler-Träger; einfaches System	271,7	1887	—	Maschinenbau-A.-G. Nürnberg
Pauli-Träger; Fahrbahn unten Bogenträger	2195,6	1891/92	—	Gutehoffnungshütte, Oberhausen

No. 30—46.

Parallelträger; zweifaches System; Auslegerträger	332,0 177,7	1872	Gerber	Maschinenbau-A.-G. Nürnberg
Parallelträger; zweifaches System; Schrägstäbe	533,3	1873	Gerber	Maschinenbau-A.-G. Nürnberg

Anlage A.

1	2	3	4		
			Hauptöffnungen		
No.	Namen des Bauwerkes	dient für	Zahl	Licht-weite m	Stütz-weite m
32	Donaubrücke bei Gross-Prüfening	eingleisige Eisenbahn	3	—	80
33	Donaubrücke bei Donauwörth	eingleisige Eisenbahn	4	—	60
34	Donaubrücke bei Deggendorf	eingleisige Eisenbahn	6	—	60
35	Donaubrücke bei Ingolstadt	Strasse	1 2	— —	52 44
36	Donaubrücke bei Steinbach	eingleisige Eisenbahn	1 1 2	— — —	60 52 36
37	Donaubrücke bei Tuttlingen	eingleisige Eisenbahn	4	—	35
38	Donaubrücke bei Hintschingen	eingleisige Eisenbahn	1 1	— —	$63_{,0}$ $35_{,97}$
39	Donaubrücke an der Eichhalde	eingleisige Eisenbahn	1 1	— —	63 $35_{,97}$
40	Donaubrücke am Käpfle	eingleisige Eisenbahn	2	—	$53_{,1}$
41	Donaubrücke im Birkenloch	eingleisige Eisenbahn	1 2	50 20	$52_{,3}$ 22
42	Donaubrücke im Bindwag	eingleisige Eisenbahn	2	45	$47_{,2}$
43	Donaubrücke bei Thiergarten	eingleisige Eisenbahn	2	—	$36_{,96}$

Eiserne Brücken.

5	6	7	8	9
System der Hauptträger	Gesammt-Gewicht der Eisenkonstruktion t	Ausführungsjahre	Konstrukteur	Fabrik
untere Gurtung gerade; obere Gurtung in dem mittleren Theil dem Untergurt parallel, nach den Auflagern zu gekrümmt	847,5	1873	Gerber	Maschinenbau-A.-G. Nürnberg
Parallelträger; zweifaches System Schrägstäbe	553,4	1876	Gerber	Maschinenbau-A.-G. Nürnberg
Parallelträger; zweifaches System Schrägstäbe	836,9	1876	Gerber	Maschinenbau-A.-G. Nürnberg
wie unter 32 Parallelträger; einfaches System	185,3 286,2	1877	Gerber	Maschinenbau-A.-G. Nürnberg
obere Gurtung gerade, untere gekrümmt	120,6 102,9 105,7	1889	Rieppel	Maschinenbau-A.-G. Nürnberg
Parallelträger; steife Schrägstäbe	319,7	1889	v. Schlierholz und Kräutle	Gutehoffnungshütte, Oberhausen
Halbparabelträger; Parallelträger	254,6	1889	—	Gutehoffnungshütte, Oberhausen
Halbparabelträger; Parallelträger	254,6	1889	v. Schlierholz und Kräutle	Gutehoffnungshütte, Oberhausen
Trapezträger; steife Schrägstäbe und Pfosten	238,1	1890	v. Schlierholz und Kräutle	Gutehoffnungshütte, Oberhausen
Halbparabelträger; Parallelträger	132 66,2	1889/90	v. Schlierholz und Kräutle	Eisenwerk Kaiserslautern
kontinuirliche Parallelträger	231,6	1889/90	v. Schlierholz und Kräutle	Eisenwerk Kaiserslautern
Parallelträger; Kurve: 350 m Radius	160,8	1889/90	v. Schlierholz und Kräutle	Hildt und Metzger, Berg-Stuttgart

Anlage A.

1	2	3	4		
			Hauptöffnungen		
No.	Namen des Bauwerkes	dient für	Zahl	Licht-weite m	Stütz-weite m
44	Erste Donaubrücke bei Gutenstein	eingleisige Eisenbahn	3	48	$50_{,58}$
45	Zweite Donaubrücke bei Gutenstein	eingleisige Eisenbahn	1 1	$63_{,9}$ $36_{,1}$	$66_{,22}$ $37_{,84}$
46	Donaubrücke bei Dietfurt	eingleisige Eisenbahn	2	—	$36_{,5}$

IV. Oder, Weichsel, Memel

	Brücken im Oderthal bei Stettin:				
47	Kahnfahrtbrücke	zweigleisige Eisenbahn	1	$72_{,5}$	76
48	Zeglinbrücke	zweigleisige Eisenbahn	1	88	92
49	Weichselbrücke bei Dirschau (alte)	eingleisige Eisenbahn	6	121	-
50	Nogatbrücke bei Marienburg (alte)	—	2	$97_{,92}$	—
51	Weichselbrücke bei Thorn	Eisenbahn und Strasse, für zweigleisige Bahn konstruirt	5	$94_{,16}$	$97_{,26}$
52	Weichselbrücke bei Graudenz	zweigleisige Eisenbahn und Strasse	11	$94_{,29}$	$97_{,3}$

Eiserne Brücken.

5	6	7	8	9
System der Hauptträger	Gesammt-Gewicht der Eisenkonstruktion t	Ausführungsjahre	Konstrukteur	Fabrik
kontinuirliche Parallelträger über drei Oeffnungen; Pfosten und gekreuzte Schrägstäbe	399,3	1889/90	v. Schlierholz und Kräutle	Maschinenfabrik Esslingen
Halbparabel; einfaches System. Parallelträger; Kurve 300 m Radius	203,2 74,8	1889/90	v. Schlierholz und Kräutle	Maschinenfabrik Esslingen
Parallelträger; einfaches System	186,3	1889/90	v. Schlierholz und Kräutle	Maschinenfabrik Esslingen

und Weser. No. 47—64.

Halbparabel; zweifaches System	317,2	1872 bis 1873	Orth, Knoblauch, Schneider	—
Halbellipse; zweifaches System; obere Gurtung nach der Ellipse gekrümmt	457,6			
Parallelträger; engmaschiges Gitterwerk; kontinuirlich über je 2 Oeffnungen	—	1850/57	—	—
kontinuirlicher Parallelträger; engmaschiges Gitterwerk	—	—	—	—
Halbellipsenträger; untere Gurtung gerade, obere nach der Ellipse gekrümmt	3583,4	1870/73	Schwedler	—
Halbellipsenträger; untere Gurtung gerade, obere nach der Ellipse gekrümmt	8238	1876/79	Suche, Tobien	Union, Dortmund

Anlage A.

1	2	3	4		
			Hauptöffnungen		
No.	Namen des Bauwerkes	dient für	Zahl	Lichtweite m	Stützweite m
53	Weichselbrücke bei Dirschau (neue)	zweigleisige Eisenbahn	6	121	129
54	Nogatbrücke bei Marienburg (neue)	zweigleisige Eisenbahn	2	—	$103_{,42}$
55	Weichselbrücke bei Fordon	Eisenbahn und Strasse	5	—	$98_{,5}$
56	Memelbrücke bei Tilsit	eingleisige Eisenbahn und Strasse	5	94	$96_{,96}$
57	Memelbrücke bei Uszlenkis	eingleisige Eisenbahn	6	68	70
58	Memelbrücke bei Kurmerszeris	eingleisige Eisenbahn	5	68	70
59	Weserbrücke bei Corvey	zweigleisige Eisenbahn	4	$56_{,10}$	$58_{,4}$
60	Weserbrücke in der Hamburg-Pariser Bahn	zweigleisige Eisenbahn	3	$58_{,87}$	$60_{,1}$
61	Kaiserbrücke über die Weser in Bremen	Strasse	2 1 2	—	$50_{,05}$ $43_{,82}$ $26_{,25}$
62	Weserbrücke bei Fürstenberg	zweigleisige Eisenbahn	3	40	$41_{,45}$
63	Weserbrücke bei Wehrden (Bahn: Ottbergen Nordheim)	zweigleisige Eisenbahn	1	—	$89_{,72}$
64	Weserbrücke bei Gross-Hutbergen	Strasse 6,2 m breit	1 2	$76_{,50}$ $27_{,25}$	$79_{,4}$ $28_{,56}$

Eiserne Brücken.

5	6	7	8	9
System der Hauptträger	Gesammt-Gewicht der Eisenkonstruktion t	Ausführungsjahre	Konstrukteur	Fabrik
2 gekrümmte Gurtungen; 3,38 m Endhöhe; 18 m Mittenhöhe	6600	1888/92	Schwedler, Mehrtens, Makensen	Gesellschaft Harkort, Duisburg
2 gekrümmte Gurtungen: 3,098 m Endhöhe; 14,4 m Mittenhöhe	—	1888/92	Schwedler, Mehrtens, Matthes	—
abgestumpfter Parabelträger; gekreuzte steife Schrägstäbe	4312	1891/92	—	Gutehoffnungshütte, Oberhausen
2 gekrümmte Gurtungen: Endhöhe nicht Null; zweifaches System; Schrägstäbe	3200	1872/75	Schwedler u. Ramm	Dortmunder Brückenbau-A.-G.
Halbparabelträger; zweifaches System; Schrägstäbe	—	—	—	—
Halbparabelträger; zweifaches System; Schrägstäbe	—	—	—	—
Schwedler-Träger; zweifaches System	788	1863	Schwedler	Gutehoffnungshütte, Oberhausen
Halbparabelträger; zweifaches System	—	1871/?	Funk	—
Parallelträger	804,9	1873	—	Gutehoffnungshütte, Oberhausen
Parallelträger	406,3	1875	Stübben und Pfützenreuter	Gesellschaft Harkort, Duisburg
Halbparabelträger; zweifaches System; Schrägstäbe	—	1876/?	—	—
Halbparabelträger; Mittelöffnung zweifaches, Seitenöffnung einfaches System	309	1884/85	—	—

11*

Anlage A.

1	2	3	4		
			Hauptöffnungen		
No.	Namen des Bauwerkes	dient für	Zahl	Licht-weite m	Stütz-weite m

V. Nebenflüsse.

No.	Namen des Bauwerkes	dient für	Zahl	Lichtweite m	Stützweite m
65	Moselbrücke bei Berncastel	Strasse	4	—	$37_{,12}$
66	Innbrücke bei Jettenbach	eingleisige Eisenbahn	3	—	52
67	Lahnbrücke bei Niederlahnstein	zweigleisige Eisenbahn	2	67	70
68	Moselbrücke bei Güls	zweigleisige Eisenbahn	3	65	$65_{,8}$
69	Moselbrücke bei Eller	zweigleisige Eisenbahn	1 4 1	85 $33_{,97}$ $38_{,59}$	88 $36_{,96}$ $41_{,58}$
70	Moselbrücke bei Bullay	zweigleisige Eisenbahn	1 5	85 $33_{,14}$	$88_{,9}$ $35_{,44}$
71	Innbrücke bei Königswart	eingleisige Eisenbahn	3	—	68
72	Brücke über das Ohethal	eingleisige Eisenbahn	4	—	76
73	Rösslaubrücke bei Redwitz	eingleisige Eisenbahn	2	—	68
74	Ruhrbrücke bei Steele	eingleisige Eisenbahn	12	—	$\begin{cases} 52_{,0} \\ 31_{,88} \\ 17_{,32} \end{cases}$
75	Saalebrücke bei Calbe	Strasse $7_{,43}$ m breit zwischen den Hauptträgern	1	—	$106_{,46}$
76	Spreebrücke am Schiffbauerdamm (Berlin)	Berliner Stadtbahn 6 Gleise	1	—	$49_{,864}$

Eiserne Brücken.

5 System der Hauptträger	6 Gesammt- Gewicht der Eisenkon- struktion t	7 Aus- füh- rungs- jahre	8 Konstrukteur	9 Fabrik
No. 65—103.				
Parallelträger; Pfosten und gekreuzte Schrägstäbe	360	1874	—	Gutehoffnungs- hütte, Oberhausen
Parallelträger; zweifaches System; Schrägstäbe	388,8	1875	Gerber	Maschinenbau- A.-G. Nürnberg
Parallelträger; zweifaches System	732,6	1876/79	Altenloh und Dörenberg	Eisenwerk Kaiserslautern
Bogenträger mit zwei Gelenken	775,9	1876/79	Altenloh und Dörenberg	Gutehoffnungs- hütte, Oberhausen
Halbparabelträger; zweifaches System	737,0	1876/78	Lengeling, Rettberg, Brüggemann	—
Parallelträger; vierfaches System Schrägstäbe	619,0 775	1876/78	Carpe, Höffgen, Spohn	—
Parallelträger; zweifaches System; Schrägstäbe	676,2	1875/76	Gerber	Maschinenbau- A.-G. Nürnberg
Parallelträger; zweifaches System; Schrägstäbe	858,15	1876	Gerber	Maschinenbau- A.-G. Nürnberg
Parallelträger; zweifaches System; Schrägstäbe	346,4	1877	Gerber	Maschinenbau- A.-G. Nürnberg
Parallelträger	482	1878	—	Gutehoffnungs- hütte, Oberhausen
Halbparabel; zweifaches System; Pfosten und gezogene Schrägstäbe	369,4	1880	—	Gutehoffnungs- hütte, Oberhausen
Bogenträger mit 2 Kämpfergelenken	890,3	1879/81	Greve	Gutehoffnungs- hütte, Oberhausen

Anlage A.

1	2	3	4		
			Hauptöffnungen		
No.	Namen des Bauwerkes	dient für	Zahl	Licht-weite m	Stütz-weite m
77	Niddaviadukt bei Assenheim	eingleisige Eisenbahn	9	—	$32{,}5$
78	Mainbrücke bei Frankfurt	viergleisige Eisenbahn	5	—	$52{,}96$
79	Mainbrücke bei Wertheim	eingleisige Eisenbahn	2 1	— —	$67{,}9$ $39{,}6$
80	Mainbrücke bei Wertheim	Strasse	2 1	— —	$67{,}9$ $39{,}2$
81	Isarbrücke bei Landshut	eingleisige Eisenbahn; Fahrbahn oben	3 5	— —	52 32
82	Brücke bei Waltenhofen	eingleisige Eisenbahn; Fahrbahn oben	1	—	54
83	Kinzigbrücke bei Offenburg	eingleisige Eisenbahn	1	—	$64{,}5$
84	Warnowbrücke bei Rostock	eingleisige Eisenbahn	1 2	— —	$67{,}48$ $14{,}46$
85	Brücke über die Ravenna-Schlucht	eingleisige Zahnradbahn	4	—	35
86	Allerbrücke bei Verden	Strasse, $8{,}3$ m breit zwischen den Hauptträgern	2	—	$36{,}18$

Eiserne Brücken.

5 System der Hauptträger	6 Gesammt- Gewicht der Eisenkon- struktion t	7 Aus- füh- rungs- jahre	8 Konstrukteur	9 Fabrik
Fischbauchträger; steife Schrägstäbe; eiserne Pfeiler, 14,9 bis 19,5 m hoch	793,4	1881	—	Gutehoffnungs-hütte, Oberhausen
Untergurt gerade, Obergurt gekrümmt	1922	1880/81	E. W. Wolff	Gesellschaft Harkort, Duisburg
untere Gurtung gerade, obere Gurtung gekrümmt; einfaches System	358,9 74,6	1881	Gerber	Maschinenbau-A.-G. Nürnberg
untere Gurtung gerade, obere Gurtung gekrümmt; einfaches System	355,7 73,0	1882	Gerber	Maschinenbau-A.-G. Nürnberg
beide Gurtungen gekrümmt; mit Sekundärkonstruktion	329,2 226,7	1882	Gerber	Maschinenbau-A.-G. Nürnberg
obere Gurtung gerade; untere Gurtung gekrümmt; einfaches System	109,0	1883	Gerber	Maschinenbau-A.-G. Nürnberg
Halbparabelträger; Pfosten und steife gekreuzte Schrägstäbe	388,6	1883	—	Gutehoffnungs-hütte, Oberhausen
Parallelträger; einfaches System; an den Hauptträger der Mittelöffnung schliessen sich zwei ausgekragte Enden von je 14,46 m; ohne Endpfeiler	220,0	1884/85	Offergeld, Seiffert, Backhaus	Gesellschaft Harkort, Duisburg
Parallelträger; zweifaches System; Kurve von 250 m Radius; 1:20 Steigung	256,3	1885	Engesser	Eisenwerk Kaiserslautern
Parabelträger; Pfosten und gezogene Schrägstäbe	158,3	1888	—	Gutehoffnungs-hütte, Oberhausen

Anlage A.

1	2	3	4		
			Hauptöffnungen		
No.	Namen des Bauwerkes	dient für	Zahl	Licht-weite m	Stütz-weite m
87	Wupperviadukt	zweigleisige Eisenbahn	1	—	44
88	Regnitzbrücke in Bamberg	Strasse	1	—	$65_{,52}$
89	Mainbrücke bei Kostheim	Strasse	3 6	— —	$60_{,2}$ $26_{,64}$
90	Drehbrücke über den Hafenkanal in Wilhelmshaven	Strasse	1 2	—	59 $13_{,2}$
91	Illerbrücke bei Festhofen	Strasse	1	—	$61_{,6}$
92	Lechbrücke bei Hochzoll	Strasse; 5 m Fahrbahn; 1+1 m Fussweg	1	$79_{,96}$	$81_{,6}$
93	Thalübergang bei Epfenhofen	eingleisige Eisenbahn	4 4	— —	36 30
94	Wutachübergang bei Grimmelshofen	eingleisige Eisenbahn	1 2	—	$46_{,5}$ $29_{,1}$
95	Thalübergang bei Fützen	eingleisige Eisenbahn	4	—	$37_{,5}$
96	Neckarbrücke in Mannheim	Strasse; 10 m Fahrbahnbreite; 2 Fusswege je 3,5 m breit	1 2	—	$74_{,7}$ $56_{,15}$
97	Regnitzbrücke in Bamberg	Strasse; Abstand der Hauptträger 8 m	1 2	—	$61_{,18}$ $34_{,96}$

Eiserne Brücken.

5	6	7	8	9
System der Hauptträger	Gesammt-Gewicht der Eisenkonstruktion t	Ausführungsjahre	Konstrukteur	Fabrik
Bogenträger; zwei Gelenke	230,0	1886/89	—	—
untere Gurtung gerade, obere Gurtung gekrümmt; Endhöhe: Null	214,7	1887	Rieppel	Maschinenbau-A.-G. Nürnberg
Dreigelenkbogen mit aufgehobenem Horizontalschub	769,6 454,0	1888/89	Schäffer	Maschinenbau-A.-G. Nürnberg
2 zweiarmige Theile; beide lange Arme überspannen die 59 m weite Oeffnung	336	1888	—	Gutehoffnungshütte, Oberhausen
obere Gurtung gerade, untere gekrümmt	173,3	1889	Rieppel	Maschinenbau-A.-G. Nürnberg
Mitten-Gelenkbalken	320,0	1889	Rieppel	Maschinenbau-A.-G. Nürnberg
Parallelträger; Pfosten und Schrägstäbe; 2 kontinuirl. Brücken über je 4 Oeffnungen; Mittelpfeiler ist Pyramidenpfeiler, ausserdem 6 Pendelpfeiler	806	1889	—	Gutehoffnungshütte, Oberhausen
Fischbauchträger; Kurve 351,6 m Radius; 1:100 Steigung	208,3	1889	—	Gutehoffnungshütte, Oberhausen
Fischbauchträger; Kurve 350 m Radius; 1:100 Steigung	282,2	1889	—	Gutehoffnungshütte, Oberhausen
Gerbersche Gelenkträger mit Hängebogen und Pendelsäulen über den Mitten-Auflagern	1679,0	1889/91	Gerber, Rieppel, Beuttel, Thiersch	Maschinenbau-A.-G. Nürnberg
wie die Neckarbrücke in Mannheim (No. 96)	525,0	1889/90	Rieppel	Maschinenbau-A.-G. Nürnberg

Anlage A.

1	2	3	Hauptöffnungen		
No.	Namen des Bauwerkes	dient für	Zahl	Lichtweite m	Stützweite m
98	Spreebrücke bei Spandau	eingleisige Eisenbahn	1	—	55,5
99	Drehbrücke in Wilhelmshaven	eingleisige Eisenbahn	1 1	—	21 31
100	Drehbrücke in Lübeck	eingleisige Eisenbahn und Strasse	1 1	—	24,86 15,09
101	Ludwigsbrücke in Bamberg	Strasse	1	—	75,9
102	Hackerbrücke in München	Strasse	6	—	28,5
103	Brücke bei Grünenthal (Nord-Ostsee-Kanal)	Eisenbahn und Strasse	1	—	156,5

VI. Docks.

104	Schwimmdock in Danzig	—	—	—	—
105	Schwimmdock in Wilhelmshaven	—	—	—	—
106	Torpedoboot-Dock in Kiel	—	—	—	—
107	Schwimmdock für Vulcan in Stettin	—	—	—	—
108	Torpedoboot-Schwimmdock für Wilhelmshaven	—	—	—	—
109	Schwimmdock für Gebr. Sauber in Hamburg	—	—	—	—

Eiserne Brücken und Docks

5	6	7	8	9
System der Hauptträger	Gesammt-Gewicht der Eisenkonstruktion t	Ausführungsjahre	Konstrukteur	Fabrik
Halbparabelträger; zweifaches System; Pfosten und Schrägstäbe	140,9	1890/91	—	Gutehoffnungshütte, Oberhausen
Fachwerkträger	204	1891	—	Gutehoffnungshütte, Oberhausen
abgestumpfter Parabelträger	310	1891/92	—	Gutehoffnungshütte, Oberhausen
wie die Mainbrücke bei Kostheim (No. 89)	410,0	in Ausführung	Rieppel	Maschinenbau-A.-G. Nürnberg
—	860,0	in Ausführung	Rieppel	Maschinenbau-A.-G. Nürnberg
Bogenträger; 2 Gelenke	1280	1892	Greve	Maschinenbau-A.-G. Nürnberg

No. 104—109.

—	5321,5	1877	—	—
—	1250	1885	—	Gutehoffnungshütte, Oberhausen
—	142,8	1887	—	Gutehoffnungshütte, Oberhausen
—	368,25	1888	—	Gutehoffnungshütte, Oberhausen
—	312	1890	—	Gutehoffnungshütte, Oberhausen
—	1413,7	1890	—	Gutehoffnungshütte, Oberhausen

Anlage A.

1	2	3	4	5	6
No.	Bezeichnung des Bauwerkes	Länge	Breite	First- höhe	über- deckte Grund- fläche
		\multicolumn{3}{c}{der Hallen}	
		m	m	m	qm

					Bahnhofshallen und
1	Schlesischer Bahnhof, Berlin (alte südliche Halle)	204	37,66	—	7 680
2	Potsdamer Bahnhof, Berlin . .	172	35,6	19	6 123
3	Lehrter Bahnhof, Berlin . . .	181	37,5	25	6 788
4	Anhalter Bahnhof, Berlin . . .	167,8	60,7 (62,5 m Stütz- weite)	34,2	10 185
5	Bahnhof Hannover, 2 Hallen, je	170	37,1	14,11	6 310
6	Centralbahnhof München, 4 Hallen, je	150,5	35	22,7	21 040
7	Bahnhof Friedrichstrasse, Berlin	145	36	20,5	5 023
8	Bahnhof Alexanderplatz, Berlin	164	37,5	19,5	6 154
9	Schlesischer Bahnhof, Berlin (neue Halle, Erweiterungsbau)	207	54,35	—	11 247
10	Centralbahnhof Mainz	300	42,5	—	14 000
11	Bahnhof Bonn, Haupthalle	148,4	14,25	—	3820 (alle Hallen)
12	Hauptbahnhof Frankfurt a/M., 3 Hallen, je	186,4	56	28,6	31 250

Eisenkonstruktionen für Bahnhofshallen u. s. w.

7	8	9	10	11
Binder-Anordnung.	Gesammt-Eisengewicht t	Ausführungsjahr	Konstrukteur	Fabrik

andere Eisenkonstruktionen.

Sichelträger	475 ohne Wellblech	1868	Schwedler und Grüttefien	L. Schwartzkopff, Berlin
—	—	—	—	—
—	—	—	—	—
Dreigelenkbogen mit Zugband	525	1877	—	Gutehoffnungshütte, Oberhausen
Zweigelenkbogen mit Zugband	—	1877/78	Grüttefien und Seeliger	—
Sichelträger	2313 einschl. 264 Wellblech	1879/80 und 1882	Gerber	Maschinenbau-A.-G. Nürnberg
Dreigelenkbogen	699	1880/81	Dirksen und ?	—
Dreigelenkbogen	878	1880/81	Dirksen und ?	—
eigenartiger Bogenträger mit drei Gelenken	1177	1881/82	Dirksen und ?	—
Dreigelenkbogen mit Zugband	922 einschl. 135 Wellblech	1883	Gerber	Maschinenbau-A.-G. Nürnberg
—	3282	1884	—	Gutehoffnungshütte, Oberhausen
Dreigelenkbogen	—	1885/87	Hottenrott und ?	Gutehoffnungshütte, Oberhausen

Eisenkonstruktionen für Bahnhofshallen u. s. w.

7	8	9	10	11
Binder-anordnung	Gesammt-Eisen-gewicht t	Aus-füh-rungs-jahr	Konstrukteur	Fabrik
—	—	—	—	Dortmunder Union
—	6604	1889	—	Gutehoffnungs-hütte, Oberhausen
Dreigelenkbogen	2850 einschl. Wellblech	1891/92	—	Dortmunder Union
—	388,7	1887	—	Gutehoffnungs-hütte, Oberhausen
—	693,1	1887	—	
—	450,25	1887	—	Gutehoffnungs-hütte, Oberhausen
—	306,8	1888	—	Gutehoffnungs-hütte, Oberhausen
—	972	1889	—	Gutehoffnungs-hütte, Oberhausen
—	912	1889	Intze	Gutehoffnungs-hütte, Oberhausen
—	740,95	1889	—	Gutehoffnungs-hütte, Oberhausen
—	1080,5	1892	—	Gutehoffnungs-hütte, Oberhausen
—	888	1892	—	Gutehoffnungs-hütte, Oberhausen

Anlage A.

1	2	3	4	5	6
No.	Bezeichnung des Bauwerkes	Länge	Breite	Firsthöhe	überdeckte Grundfläche
		\multicolumn{3}{c}{der Hallen}	
		m	m	m	qm
13	Bahnhof Bremen	131	59,8	27,1	7770
14	Bahnhof Düsseldorf, 2 Haupthallen, je Nebenhallen	167,9 —	18,35 —	— —	10900 (alle Hallen)
15	Hauptbahnhof Köln, Haupthalle 2 Seitenhallen, je	255 255	63,9 13,4	24 —	} 22200
16	Lagerhaus in Hamburg verschiedene Lagerhäuser dort	30 —	26,2 —	18,8 —	— —
17	Zollabfertigungs-Schuppen in Hamburg 2 Vordächer je	140 140	12,0 { 4,5 5,5	— —	} 3150
18	Leuchtthurm bei Campen	—	—	hoch: 53	—
19	Gasanstalt Charlottenburg	—	—	—	—
20	Krupp's Kanonenwerkstatt V in Essen, Haupthalle Seitenhalle	81,1 47,5	30 10	13,7 9,6	—
21	Werkstatt für Blohm & Voss, Hamburg	96	{ 19 9,5 15,5	18,6 7 8,3	—
22	Ausstellungs-Pavillon Krupp auf der Ausstellung in Chicago	59,5	25	13	1487
23	Brückenbauanstalt der Gutehoffnungshütte in Sterkrade, Haupthalle 2 Seitenhallen	208 208	25 { 14,5 9	8,6 5 4	} 10088 einschl. kleinerer Hallen

Anhang B.

Einige hervorragende neuere Bauanlagen der Stadt Berlin.

Von den in der Deutschen Ingenieur-Ausstellung seitens des Magistrates der Reichshauptstadt Berlin durch Zeichnungen, Pläne, Photographien, Modelle u. s. w. (Katalog No. 1669) zur Anschauung gebrachten neueren Bauanlagen der Stadt Berlin verdanken wir dem freundlichen Entgegenkommen des Hrn. Königl. Baurathes und Stadtbaurathes Dr. James Hobrecht sehr eingehende Beschreibungen, die, zum Theil ausführlich, den nachstehenden Darlegungen zu Grunde liegen.

A. Hochbau.

Städtische Irrenanstalt zu Dalldorf. Diese nach dem Pavillon- (Block-) System errichtete Heil- und Pflegeanstalt für Geisteskranke (510 Männer und 510 Frauen) besteht aus 10 Häusern für Geisteskranke nebst den erforderlichen Baulichkeiten für die Verwaltung und ist in Backsteinrohbau erbaut, mit Central-Dampf-, Wasser- und Dampfwasser-Luftheizung. Nachträglich sind noch 2 Koloniehäuser für 60 geisteskranke Männer erbaut, welche vorwiegend mit Landwirthschaft beschäftigt werden.

Die Anstalt ist nach den Plänen des Stadtbaurathes Blankenstein in den Jahren 1877 bis 1879 erbaut und seit Februar 1880 eröffnet.

Die Baukosten der Irrenanstalt haben rund 3 761 700 M., die der inneren Einrichtung 451 490 M. betragen.

Die Städtische Irrenanstalt Herzberge bei Lichtenberg ist ähnlich der vorigen nach dem Pavillonsystem erbaut, jedoch vorwiegend auf die Beschäftigung der Geisteskranken mit Landwirthschaft und Gartenbau berechnet.

Die Anstalt ist nach den Plänen des Stadtbaurathes Blankenstein erbaut, im Herbst 1888 begonnen und im Frühjahr 1893 vollendet worden.

Die Baukosten mit Einschluss des Inventariums betragen rund 6 170 000 M. Die Anlage für die elektrische Beleuchtung ist von Gebr. Naglo in Berlin ausgeführt und kostet rd. 187 000 M.

Städtische Anstalt für Epileptische, Wuhlgarten bei Biesdorf. Die für 100 Jugendliche (50 Knaben und 50 Mädchen) und für rd. 510 Männer und 490 Frauen bestimmte Heil- und Pflegeanstalt besteht aus einem Erziehungshause für 50 epileptische Knaben und 50 Mädchen, 2 geschlossenen Gebäuden für 120 epileptische Männer und 120 Frauen, 24 Landhäusern für 390 Männer und für 350 Frauen, behufs Beschäftigung mit Gartenbau und Landwirthschaft, mit dem erforderlichen Verwaltungs- und Wohngebäude, im Ganzen aus 47 Häusern in Backsteinrohbau.

Die Anstalt ist nach den Plänen des Stadtbaurathes Blankenstein im Jahre 1890 begonnen und wird gegen Ende des Jahres 1893 vollendet werden.

Die gesammten Baukosten einschl. innerer Einrichtung werden sich auf rd. 5 330 000 M. belaufen.

Die Anlage der elektrischen Beleuchtung, von der Firma Siemens & Halske ausgeführt, wird rd. 268 000 M. kosten.

Städtisches Krankenhaus am Urban. Das Krankenhaus für Männer und Frauen mit zusammen 590 Betten nach dem Pavillon- (Block-) System erbaut, enthält 10 zweistöckige und 1 einstöckigen Isolirpavillon nebst Verwaltungsgebäude, Badehaus, Leichenhaus, Kessel- und Maschinenhaus.

Die Gebäude haben ausser den Treppen noch hydraulische Aufzüge zum Kranken- und Leichentransport; sie sind durch einen unterirdischen Gang mit einander verbunden. In diesem Gang liegen zugleich sämmtliche Rohr- und Kabelleitungen.

Die Anstalt hat elektrische Beleuchtung mit eigenem Betrieb, deren Maschinen und Accumulatoren im Keller des Wirthschaftsgebäudes untergebracht sind. Die Heizung ist eine centrale Dampfwarmwasser-Heizung mit Ventilation durch vorgewärmte Luft.

Die Bereitung warmen Wassers wird mittels Dampfes ebenfalls von einer Centralstelle aus bewirkt.

Die Anstalt ist nach den Plänen des Stadtbaurathes Blankenstein in den Jahren 1887 bis 1890 ausgeführt und hat im Ganzen rd. 2 977 000 M. gekostet, einschliesslich rd. 163 000 M. für elektrische Beleuchtung, welche von der Firma Gebr. Naglo in Berlin nach dem Zweileitersystem mit Tudor-Accumulatoren ausgeführt ist.

Die Heizungsanlage ist zum Theil von Rietschel & Henneberg, zum Theil von Pflaum & Gerlach, zum Theil von Bacon, sämmtlich in Berlin, ausgeführt und hat einschliesslich der Warmwasserbereitung einen Kostenaufwand von rd. 423 000 M. erfordert.

Volksbadeanstalt in der Thurmstrasse, Berlin. In drei Geschossen enthält die Anstalt 55 Wannenbäder, und zwar 15 I. Klasse und 40 II. Klasse, von denen die ersteren mit kalter und warmer, die letzteren nur mit kalter Brause versehen sind; ferner 30 Brausebäder, davon 5 I. Klasse, welche ausser der Brause noch eine Strahldouche haben. In der Mitte des Gebäudes liegt der Schwimmsaal mit einem Bassin von 162 qm Wasserfläche. Letzteres ist von 30 Auskleidezellen umgeben, und auf einer Gallerie befinden sich Auskleidebänke mit 80 verschliessbaren Schränken.

Die Abtheilungen für Männer und Frauen sind streng gesondert.

Die Beheizung, die Warmwasserbereitung und der maschinelle Betrieb wird durch 3 Dampfkessel bewirkt.

Die Anstalt ist auf Grund einer Skizze des Stadtbaurathes Blankenstein von dem Stadtbauinspektor Zekeli entworfen und in den Jahren 1891 bis 1892 erbaut und kostet einschliesslich der gesammten Einrichtung rd. 350000 M.

Städtischer Viehhof Berlin. Der städtische Central-Vieh- und Schlachthof ist auf einem an der Ringbahn belegenen Terrain von rd. 38 ha Grundfläche errichtet.

Die Bahnhofsanlage besteht aus: 1. den Be- und Entladungsgleisen mit den zugehörigen Bahnsteigen, dem Stationsgebäude und Lokomotivschuppen; 2. den Gleisen zum Reinigen und Desinfiziren der entladenen Züge mit Wasserstation; 3. den Gleisen zum Aufstellen der Leerzüge.

Der Viehhof enthält an Bauten: 1. die Börse mit Restauration und den Kontoren des Viehmarktes; 2. eine Verkaufshalle für 3800 Rinder; 3. zwölf Rinderställe mit zusammen 3780 Ständen; 4. eine Verkaufshalle für 31000 Hammel; 5. vier Hammelställe zur Unterbringung von 12000 Stück Thieren; 6. eine Schweinehalle, zugleich als Stall dienend, mit Raum für 13000 Thiere im Innern und für 1000 Stück in den Vorbuchten; 7. eine Kälberhalle mit 3000 Ständen; 8. ein Verwaltungs- und Dienstgebäude.

Der Schlachthof umfasst: 1. drei Rinderschlachthäuser mit zusammen 137 Schlachtkammern; 2. vier Rinderställe zur Aufstellung des Schlachtviehs mit zusammen 1302 Ständen, über einem die Säle für die Fleischschau; 3. zwei Schweineschlachthäuser mit zusammen 73 Schlachtkammern; 4. drei dazugehörige Stallungen zur Aufnahme von 3200 Schweinen; 5. eine Kaldaunenwäsche; 6. eine Fleischverkaufshalle, die aber jetzt als Schlachthaus für Kleinvieh benutzt wird; 7. ein Beamtenwohnhaus.

Industrielle Anlagen: 1. eine Albuminfabrik zur technischen Verwerthung des Blutes; 2. eine Talgschmelze; 3. eine Darmschleimerei.

Veterinärpolizeiliche Anlagen: 1. ein polizeiliches Schlachthaus mit Beobachtungsstall zur Aufnahme und Schlachtung krankheitsverdächtiger Thiere unter thierärztlicher Aufsicht; 2. ein Seuchenhof zur Aufnahme von Vieh, welches aus der Rinderpest verdächtigen Gegenden kommt. Er besteht aus einem Stallgebäude für 120 Rinder, einem Schlachthause für 50 Rinder uud einem Aufbewahrungsraum für die getödteten Thiere bis zur Abfuhr durch die Abdeckerei.

Die Anlage wurde nach den Plänen des Stadtbaurathes Blankenstein unter Leitung des Stadtbauinspektors Lindemann im December 1877 begonnen und im März 1881 in Betrieb genommen. Die Baukosten der Anlage in dem angegebenen Umfange betragen 9 222 110 M.

Städtische Central-Markthalle und deren Erweiterungsbau. Die Central-Markthalle mit rd. 9500 qm Grundfläche ist behufs direkter Ueberführung der von ausserhalb kommenden Lebensmittel in Verbindung mit dem Bahnhof Alexanderplatz der Stadtbahn errichtet worden. Ihre Bahnanlage besteht aus einem 380 m langen Rangir- und Ausziehgleis und zwei Perrongleisen von 220 und 170 m Länge mit 2 Entladeperrons von 6,5 und 10 m Breite. Sechs hydraulische Fahrstühle vermitteln die Waarenbeförderung von dort zur Halle und den darunter befindlichen gewölbten Kellerräumen. Unter den Viaduktgewölben der Hallengleise und der Stadtbahn befinden sich Verkaufsräume für den Grosshandel, die

Maklerkontore und die Restauration. Für den Wagenverkehr ist eine 8 m breite Durchfahrt parallel der Stadtbahn angelegt. Durch vier in Höhe der Entladeperrons angelegte Gallerien, auf denen sich die Verwaltungsbureaus u. s. w. befinden, ist die Markthalle in drei Einzelhallen von rd. 20 m Breite und 56,25 m Länge und 21 m Höhe zerlegt. Vier Treppen und 4 Fahrstühle vermitteln den Verkehr zwischen den Kellerräumen, dem Erdgeschoss und den Gallerien.

Das Erdgeschoss der Markthalle enthält: 45 Stände für Fische mit zusammen 430 qm Grundfläche; 235 Stände für Fleisch, Wild und Geflügel mit zusammen 1500 qm Grundfläche; 27 Stände für Mehl und Vorkost mit 176 qm Grundfläche; 143 Stände für Obst, Gemüse u. s. w. mit 700 qm Grundfläche.

Die Mittelhalle ist ohne Standeinrichtung geblieben und dient hauptsächlich dem Grosshandel mit Obst und geräucherten Fischen.

Der Erweiterungsbau der Central-Markthalle entspricht bezüglich der Gesammtanordnung ganz dem ursprünglichen Bau. Ihre eine Hälfte ist für den Grosshandel mit Fleisch bestimmt und enthält zusammen 360 feste, verschliessbare Stände mit zusammen 1920 qm Grundfläche. Die andere Hälfte soll den Grosshandel mit Gemüse und Obst aufnehmen; die dafür nutzbare Grundfläche von rd. 1900 qm hat keine besonderen Standeinrichtungen erhalten. Im Kellergeschoss sind Kühlräume für Fleisch (848 qm), Fische (400 qm), Gemüse und Butter (430 qm), Käse (150 qm) nach dem System der Maschinenfabrik Humboldt in Kalk bei Köln angelegt. Die Kellerräume beider Markthallen werden durch einen Tunnel, die Entladeperrons durch eine 5 m breite Ueberbrückung der Kaiser Wilhelm-Strasse verbunden.

Der Bau der Central-Markthalle wurde nach den Plänen des Stadtbaurathes Blankenstein unter Leitung des

Stadtbauinspektors Lindemann im Juli 1883 begonnen und am 3. Mai 1886 in Benutzung genommen. Die Baukosten betragen rd. 2 250 000 M.

Die starke Entwicklung des Marktverkehrs zwang die Verwaltung sehr bald, den Grosshandel mit Fleisch in gemiethete Stadtbahnbögen zu verlegen, und veranlasste die Inangriffnahme des Erweiterungsbaues im Mai 1891. Der nunmehr fertiggestellte Bau hat mit Einschluss der Erweiterung der Eisenbahnanlage rd. 2 500 000 M. gekostet.

Ausser der Central-Markthalle sind auch noch die städtischen Markthallen VII und X durch Zeichnungen und Photographien auf der Ausstellung zur Anschauung gebracht.

B. Tiefbau.

Kanalisirung der Unterspree. Das gemeinschaftlich von der Königl. Preussischen Staatsregierung und der Stadt Berlin im Jahre 1888 begonnene Unternehmen umfasst: Anlage einer Schleuse und eines Wehres, Umbau der Mühlengebäude zu einem Verwaltungsgebäude der Stadt Berlin, Umbau der Brücken im Zuge des Mühlendammes und des Mühlenweges und der Fischerbrücke, und wird voraussichtlich im Laufe des Jahres 1893 vollendet werden. Von dem gemeinschaftlich ausgestellten Modell (6,57 m Grundfläche) entfällt die Hälfte (3,28 qm) auf das Königl. Preussische Ministerium der öffentlichen Arbeiten, die andere Hälfte auf die Stadt Berlin. Der von der Preussischen Staatsregierung bewerkstelligte Bau der Schleuse und des Wehres ist unter No. 1658 des Katalogs durch Zeichnungen erläutert. Der Stadtgemeinde liegt der Umbau der früheren Mühlengebäude zu einem Verwaltungsgebäude ob, sowie der Umbau und die Erweiterung der Strassen.

Brücken. Die Brücken über die schiffbaren Wasserläufe Berlins sind bis zum Jahre 1876 zum grössten Theil von der Staatsregierung hergestellt und unterhalten worden. In dem genannten Jahre wurde gegen Zahlung einer jährlichen Rente von rd. 556 000 M. die gesammte Brücken- und Strassenbaulast in Berlin von der Stadtgemeinde übernommen. Bis zu diesem Zeitpunkte befanden sich im Eigenthum der Stadtgemeinde: 1 Spreebrücke; 3 Brücken über die Berlin durchziehenden Schifffahrtskanäle; hinzu traten in Folge des mit der Staatsregierung geschlossenen Vertrages: 26 Brücken über die Spree, 25 Brücken über die Schifffahrtskanäle.

Diese neu hinzugetretenen Brücken waren mit ganz geringen Ausnahmen wegen ihrer veralteten Konstruktion (Klappenbrücken), ihres wenig dauerhaften Materials (Holz oder Gusseisen), ihrer nicht ausreichenden Breite und nicht genügenden Fundirung mehr oder minder des Umbaues bedürftig.

Die Stadtgemeinde hat in den Jahren 1876—1892 von jenen Brücken als feste Brücken, zum Theil massiv, zum Theil in Eisen, von Grund aus umgebaut: 9 Brücken; neuerrichtet ausserdem: 9 Brücken.

Der dadurch verursachte Kostenaufwand beträgt rd. 9 900 000 M.

Im Umbau begriffen sind gegenwärtig 7 Brücken, die voraussichtlich im Jahre 1893 zur Vollendung gelangen und deren Kosten auf 4 500 000 bis 5 000 000 M. sich beziffern werden.

Von den in den letzten Jahren ausgeführten Brücken sind auf der Ausstellung vertreten: Kaiser Wilhelm-Brücke, Moltke-Brücke, Schlüter-Steg, Herkules-Brücke, Friedrichs-Brücke.

Befestigung der öffentlichen Strassen in Berlin.
Bis zum Jahre 1837 sind die Strassen in Berlin durch die Königl. Staatsregierung angelegt und unterhalten worden.

Von da ab sind neu anzulegende Strassen von der Stadt auf ihre Kosten hergestellt und ausgebessert worden. Mit dem Jahre 1876 ist die ganze Strassen- und Brückenbaulast in Berlin von der Stadtgemeinde übernommen worden (s. unter Brücken).

Damals betrug die Fläche der:

städtischen Strassen . . . . rd. 1 772 000 qm
fiskalischen Strassen . . . . rd. 1 565 000 qm
zusammen 3 337 000 qm.

Diese waren mit geringen Ausnahmen mit unregelmässig bearbeiteten Findlingssteinen, zum grossen Theil sogar mit runden Feldsteinen gepflastert.

Am 1. April 1892 bezifferte sich die Fläche der gepflasterten öffentlichen Strassen und Plätze in Berlin auf rd. 5 070 000 qm.

Davon sind gepflastert mit

Asphalt . . . . rd.   866 000 qm
Holz . . . . „   68 000 „
Steinen I. Klasse auf Schotterunterbettung . „   387 000 „
Steinen II. und III. Klasse auf Schotterunter-
  bettung . . . . „   589 000 „
Steinen III. Klasse auf Kiesunterbettung . . „   955 000 „
                                              2 865 000 qm
Steinen geringerer Güte . . . . 2 205 000 qm
                                              5 070 000 qm.

Es hat sich die Fläche der gepflasterten Strassen seit 1876 mithin vermehrt um rd. 55 pCt, und die von der Stadtgemeinde für die Pflasterungen mit besserem Material und für die Unterhaltung des gesammten Pflasters aufgewendeten Kosten haben in den Jahren vom 1. Januar 1876 bis 1. April 1892 in überschläglich ermittelter Summe 51 600 000 M. betragen.

Man unterscheidet in Berlin zwischen Neu- und Umpflasterungen.

Bei ersteren, d. h. bei Neuanlagen von Strassen besteht das erste Pflaster in der Regel aus Bruchsteinen III. Klasse auf 20 cm starker Kiesunterlage mit Fugenausguss aus dünnem Cementmörfel. Nur bei Strassen, die in Hauptverkehrsrichtungen liegen, wird die Kiesschicht durch Schotterunterbettung ersetzt. Bei Umpflasterungen schon früher befestigt gewesener Strassen kommt entweder Bruchsteinpflaster I. bis III. Klasse auf Schotterunterbettung oder Stampfasphaltpflaster, in seltenen Fällen auch Holzpflaster zur Verwendung.

In Bezug auf die Herstellung des Bruchsteinpflasters wird auf das ausgestellte Modell verwiesen. Die verwendeten Steine sind zum grössten Theile aus schwedischem Granit, in geringeren Mengen aus bairischem und sächsischem Granit, belgischem Diorit (aus Quenast), sächsischem Porphyr und Grünstein hergestellt.

Sie sind entweder völlig rechteckig bearbeitete Würfel und Prismen (I. Klasse) oder würfelförmige und prismatische Körper, die sich nach ihrer Fussfläche zu um $1/5$ (II. Klasse) oder $1/3$ (III. Klasse) der Kopffläche verjüngen.

Höhe der Steine 15 bis 16 cm oder 19 bis 20 cm; Breite der Prismen oder prismatischen Steine 11 bis 12, 12 bis 13 oder 13 bis 14 cm; Länge 15 bis 30 cm.

Würfelartige Steine werden in Strassen mit schwachem Gefälle, sofern daselbst Strassenbahngleise nicht vorhanden, verlegt, und zwar diagonal zur Strassenrichtung; daher sind zur Herstellung regelrechten Verbandes und Anschlusses an die Bordschwellen Fünfeck-, anderthalbfache- und Doppelsteine erforderlich.

Prismatische Steine finden in Strassen mit starken Gefällen oder in solchen Verwendung, in denen Strassenbahngleise vorhanden oder später voraussichtlich eingebaut werden.

Strassen letzterer Art werden mit Steinen von 15 bis 16 cm Höhe befestigt, in Uebereinstimmung mit den 15,5 cm hohen Schienen. Diese Höhe ist auch bei Steinen grösserer Härte (Porphyr, Diorit, Grünstein) gestattet; sonst erhalten die Steine 19 bis 20 cm Höhe.

Das Asphaltpflaster wird nur aus natürlichem Asphaltgestein hergestellt, welches vor seiner Verwendung gemahlen und erhitzt wird. Das auf eine 20 cm hohe Betonunterbettung in einer Stärke von rd. 6 cm aufgebrachte heisse Pulver wird mittels erhitzter eiserner Stampfen und Walzen bis zu einer Stärke von rd. 5 cm zusammengepresst.

Das hierselbst verwendete Asphaltgestein wird gebrochen in der Schweiz im Val de Travers, in Sicilien bei Ragusa, in Italien bei Ancona, in Frankreich bei St. Jean Maruéjol, Departement Gard, und in Deutschland bei Limmer und Vorwohle, Provinz Hannover.

Die Unternehmer unterhalten das von ihnen hergestellte Pflaster 4 bis 5 Jahre unentgeltlich und weitere 15 Jahre für 50 Pfg. für das Jahr und Quadratmeter.

Asphaltpflaster kommt besonders in Strassen mit schnellem Verkehr und in solchen zur Verwendung, die eine mit Steinen befestigte Parallelstrasse haben; ausserdem aber vor öffentlichen Gebäuden: Schulen, Kirchen, Krankenhäusern u. s. w. Strassen mit stärkerem Gefälle als 1:80 eignen sich nicht für Asphaltpflaster.

Wird in solchen Strassen aus irgend welchen Gründen geräuschloses Pflaster nothwendig, so muss zu Holzpflaster gegriffen werden.

Im Uebrigen hat dieses Pflaster sich bisher in Berlin nicht bewährt; es hat daher in den letzten Jahren nur ausnahmsweise auf Brückenrampen und stark geneigten kürzeren Strassenstrecken Anwendung gefunden.

Die ausgestellten Modelle zeigen die Durchschnitte zweier Strassen mit 11 m breitem Damm und je 4 m breiten Bürgersteigen, von denen die eine mit Stampfasphalt auf 20 cm starker Betonunterbettung, die andere mit regelmässig bearbeiteten Bruchsteinen auf chausseemässig mittels Dampfwalze abgewalzter Schotterunterbettung befestigt ist.

Die Asphaltstrasse lässt erkennen, wie Strassenbahngleise gegen die Asphaltdecke mit Schwellen von 15 bis 16 cm Höhe und 15 bis 17 cm Breite aus Granit eingefasst werden; auch ist auf dem Bürgersteige unmittelbar neben der Bordschwelle ein aus Eisenblech konstruirter Kasten zu ersehen, der dazu dient, den auf dem Asphaltpflaster zusammengekehrten Pferdemist aufzunehmen; ausserdem befindet sich in seinem untern Theile ein Behälter für Sand zum Bestreuen der Strasse bei feuchtem Wetter.

Die mit Steinen befestigte Strasse zeigt auf der einen Hälfte ein Pflaster aus prismatischen Steinen von 15 bis 16 cm Höhe, in welches Strassenbahngleise von 15,5 cm Höhe eingelegt sind, auf der anderen Hälfte ein Pflaster aus 19 bis 20 cm hohen Würfelsteinen. Die Fugen des Pflasters sind in ihrem oberen Theile mit einer Mischung aus Pech und Theeröl ausgegossen, im unteren mit gesiebtem Perlkies gefüllt. Zum Ausgleich in der Höhe der Steine befindet sich, zwischen letzteren und der Unterbettung, eine etwa 3 cm starke Kiesschicht.

Die Bürgersteige sind mit Bordschwellen aus Granit eingefasst, 30 cm breit und 25 cm hoch, welche eine 4 Schichten starke Untermauerung aus Klinkern erhalten; die Befestigung des Bürgersteiges erfolgt entweder mit einer 2 m breiten Granitplattenbahn zwischen Mosaikpflaster, oder mittels Asphalts auf einer 10 cm starken Betonlage oder auf 2 Ziegelflachschichten. Bei der Wahl von Asphalt muss längs der Bordschwelle ein mindestens 0,50 m breiter Streifen Mosaikpflasters verbleiben, um das Entweichen von Gas oder Wasser eintretenden Falles erkennen zu können.

Die Bordschwellen erhalten vor den öffentlichen Strassenbrunnen eine muldenartig vertiefte Verbreiterung zum Tränken der Hunde u. s. w.

Die Profile zeigen schliesslich, wie der Strassenkörper durch Einlegung von Rohr- und Kabelleitungen der Kanalisation, der Gaswerke, der Wasserwerke, der Telegraphen und Telephon-Verwaltung, der elektrischen Beleuchtungswerke u. s. w. in Anspruch genommen wird. Um ein Aufbrechen des Fahrdammes bei Reparaturarbeiten an diesen Leitungen thunlichst zu vermeiden, werden die letzteren, soweit es irgend angänglich erscheint, in den Bürgersteig verlegt; obligatorisch ist diese Bestimmung für alle Telephon-, Telegraphen- und Lichtkabel, für Rohrpostleitungen und Gasleitungen bis 38,5 cm Dmr. Wasserröhren müssen mindestens 5 m von der Bauflucht entfernt bleiben, während die Kanalisationsleitungen, sofern sie nicht in grösseren gemauerten Kanälen bestehen, im Allgemeinen unter den Bordschwellen ihren Platz finden.

Die Einführung der vorbezeichneten mustergültigen Pflasterungsmethoden ist vornehmlich der Initiative und Leitung des ehemaligen Stadtbaurathes Rospatt zu verdanken.

Als ebenso leistungsfähige wie zuverlässige Lieferanten für Steinmaterial, welches höchsten Ansprüchen genügt, sind unter vielen anderen als die grössten Lieferanten zu nennen: F. H. Wolff, Berlin-Karlskrona, und Société anonyme des Carrières de Porphyre de Quenast (Belgien).

Als Unternehmer für Strassen-Asphaltirungen haben sich folgende Firmen bewährt, denen die Ausführungen der Strassen-Asphaltirung ausschliesslich übertragen waren: Neuchatel Asphalte Co. (Val de Travers); Aktiengesellschaft vormals Jeserich & Co., Berlin; Berliner Asphaltgesellschaft Kopp & Co.; R. Wigankow, Berlin; Reh & Co.,

Asphaltgesellschaft San Valentino, Berlin; French Asphalte Co., London; Deutsche Asphalt-Aktiengesellschaft der Limmer und Vorwohler Grubenfelder, Hannover.

Die ausgestellten Modelle sind von dem Mechaniker G. Voigt in Berlin gefertigt.

C. Wasserwerke.

Die vorhandenen älteren Anlagen zur Wasserversorgung Berlins fördern filtrirtes Flusswasser, und zwar entnehmen sie das Wasser theils der Havel (Werk am Tegeler See), theils der Spree (Werk vor dem Stralauer Thor).

Mit Rücksicht auf die fortwährend wachsende Bevölkerungszahl Berlins und darauf, dass das Werk vor dem Stralauer Thor wegen zunehmender Verunreinigung der Spree an dieser Entnahmestelle in absehbarer Zeit wird aufgegeben werden müssen, wurden die jetzt in der Ausführung begriffenen Neuanlagen nothwendig.

Der Ausfall der ausgedehnten Versuche, durch Brunnenanlagen das Untergrundwasser in genügender Menge und Beschaffenheit zu erschliessen bezw. entsprechend zu verbessern, hat den Magistrat von Berlin nicht veranlassen können, von der bisherigen Art der Wasserversorgung, d. h. mit filtrirtem Flusswasser, abzugehen.

Die Werke vor dem Stralauer Thor liefern in 24 Stunden 60 000 cbm, diejenigen am Tegeler See 86 400 cbm d. h. 1 cbm i. d. Sekunde. Um nach Fortfall der ersteren den Wasserbedarf für eine auf 2½ Millionen angewachsene Bevölkerung zu decken, ist die Beschaffung von weiteren 2 cbm i. d. Sekunde erforderlich. Die Entnahme dieser Wassermenge kann aus der Spree, welche bei tiefstem Wasserstand 16 cbm i. d. Sekunde führt, ohne Gefahr für die Schifffahrt u. s. w. geschehen.

Als günstiger Punkt für die Entnahme des Wassers aus der Spree ergab sich der grosse Müggelsee, welcher mit rd. 40 Millionen cbm Wasserinhalt ein vorzügliches, der Luft und dem Lichte in reichlicher Weise zugängliches Ablagerungsbecken bildet. Die Anlage ist in 2 Werke zerlegt. Das eine, am Müggelsee belegen, dient für die Reinigung des Wassers durch Sandfiltration und die Förderung nach dem Werke Lichtenberg. Dieses bewirkt die Weiterbeförderung des Wassers nach Berlin. Eine derartige Trennung gestattete erhebliche Ersparnisse beim Bau und Betriebe, da die Leitungsröhren zwischen Müggelsee und Lichtenberg einerseits nur den Druck von dem Wasserspiegel der Reservoire auf letzterem Werke, und nicht den von dem höchsten Punkte des Vertheilungsnetzes in der Stadt auszuhalten haben und deshalb geringerer Wandstärken bedürfen, andererseits von dem schwankenden Tages- und Nachtverbrauche unabhängig sind und für die Röhren daher ein kleinerer Durchmesser genügt; dementsprechend können auch die Pumpmaschinen auf Werk Müggelsee schwächer konstruirt sein.

Werk Müggelsee. Die Anlage wird durch eine öffentliche Strasse in zwei Theile getheilt, von denen der südlich am See gelegene Theil die Anlagen zum Schöpfen des Wassers und Förderung auf die Filter, der nördliche Theil die Filteranlagen, die Sandwäschen und die Maschinen zur Förderung des Wassers nach Lichtenberg enthält.

Zur Sicherung gegen Betriebsunterbrechungen ist in beiden Werken der Grundsatz der Zerlegung der Anlagen in vier Abtheilungen konsequent durchgeführt, in der Weise, dass die vier Abtheilungen sowohl als Ganzes zusammenarbeiten, wie auch jede Abtheilung, mit eigener Reserve, für sich betrieben werden kann.

Die einzelnen Bauwerke für jede der vier Abtheilungen gruppiren sich auf dem südlichen Theil der Anlage neben einander, längs des Seeufers, auf dem nördlichen Theil neben und hinter einander, symmetrisch zu den beiden Mittelachsen.

Ausserdem enthält die Anlage die nöthigen Wohn-, Verwaltungs- und Werkstattgebäude.

Die Entnahme des Wassers aus dem Müggelsee erfolgt für jede Abtheilung durch einen 120 m langen Holzkasten von 2,25 qm Querschnitt, welcher auf dem ausgebaggerten Seebett so tief verlegt ist, dass eine Bewegung des Wassers durch Wellenschlag nicht eintritt. Dieser Holzkanal mündet in einen in der Ufermauer liegenden gemauerten Einsteigeschacht, in welchem grobe schwimmende Gegenstände durch ein Gitter zurückgehalten werden. Von hier fliesst das Wasser durch einen gemauerten Kanal in die sogenannte Saugkammer, welche durch ihre grosse Breitenausdehnung das Wasser seitlich vertheilen und ruhiger zu den Maschinen gelangen lässt. Die Saugkammer ist durch ein feinmaschiges Siebwerk aus Kupferdraht (welches zur Auswechselung behufs Reinigung doppelt angeordnet ist) in zwei längliche Abtheilungen zerlegt, wodurch feine schwimmende Gegenstände hier abgefangen und entfernt werden können.

Aus der Saugkammer gelangt das Wasser zu den Schöpfmaschinen (Filterpumpmaschinen), deren jede Abtheilung drei besitzt, von welchen eine als Reserve dient. Diese Maschinen sind stehende Verbundmaschinen und treiben je zwei einfach arbeitende stehende Plungerpumpen, welche das Wasser auf die Sandfilter, 8 m hoch, heben. Unter Hinzurechnung des für den Betrieb der Werke selbst erforderlichen Wassers muss jede der beiden gleichzeitig thätigen Maschinen einer Abtheilung 1134 cbm i. d. Stunde zu liefern, wozu 40 PS pro Maschine erforderlich sind.

Die **Sandfilter** haben, einschliesslich des obengenannten Betriebswassers, 179 000 cbm in 24 Stunden zu liefern. Diesem Zwecke genügen, da 1 qm Sandfläche stündlich 100 l liefern soll, für jede der vier Abtheilungen 8 Filter von je 2331 qm Sandfläche, zu denen noch je 3 Reservefilter von derselben Grösse kommen.

Die Filter sind überwölbt und mit Erde überdeckt, um sie auch bei starkem Frost betriebsfähig zu erhalten. Ein Bett von Thon sichert sie gegen Wasserverlust. Jedes Filter wird durch ein Schwimmerventil selbstthätig gespeist. Die fest bestimmte Gleichmässigkeit der Leistung für 1 qm Sandfläche und die Zeiteinheit ist durch die Anwendung der von dem Direktor der städtischen Wasserwerke **Henry Gill** erfundenen Regulirvorrichtung in jedem Filter gesichert.

Das Filtermaterial besteht aus drei Schichten, und zwar, von unten angefangen: 30 cm Feldsteine, 30 cm Kies, 60 cm Sand. Die oberste Sandschicht wird, sobald sie durch den Betrieb soweit verunreinigt ist, dass das Filter nicht mehr die genügende Leistungsfähigkeit besitzt, abgeräumt und dieses Verfahren so oft wiederholt, bis die Sandschicht nur noch eine Stärke von 40 cm hat; alsdann wird sie wieder bis zur ursprünglichen Stärke aufgefüllt. Der abgeräumte Sand wird durch Waschen gereinigt und wieder verwendet.

Inmitten jeder Abtheilung von 11 Filtern liegt die zugehörige **Sandwäsche**. In die mit schraubenförmigen Gängen versehenen und mit einer Geschwindigkeit von 8 Min.-Umdr. gedrehte Waschtrommel treten das Wasser und der Sand (letzterer durch einen Elevator gehoben) an den beiden entgegengesetzten Enden ein. Das Abgangswasser wird in einem grösseren Niederschlagsbassin (Klärteich) abgefangen und durch Sedimentiren geklärt.

Jede Abtheilung von 11 Filtern hat einen kleinen **Rein-**

wasserbehälter von rd. 2500 cbm Inhalt zugeordnet erhalten, als Vermittler zwischen Filter und Fördermaschinen.

In dem Reinwasserbehälter wird das Wasser durch abwechselnd an die Seitenmauern angeschlossene Leitmauern zu einer schlangenförmigen Bewegung gezwungen und dadurch der Nachtheil vermieden, der durch das Stagniren einzelner Theile des Inhalts sonst etwa entstehen könnte.

Von diesem Behälter fliesst das Wasser zu den Fördermaschinen (Wasserhebemaschinen). Diese Maschinen haben, wie die Filter, in jeder Zeiteinheit eine fast gleichmässige Arbeit zu verrichten, nämlich für jede Abtheilung in 24 Stunden 44 750 cbm Wasser in die 16,2 km entfernten Reinwasserbehälter des Werkes Lichtenberg zu fördern. Für diese Arbeit sind zwei liegende Verbundmaschinen vorhanden, welche je 22 375 cbm Wasser in 24 Stunden mittels zweier doppelt wirkender Plungerpumpen unter einem Höchstdruck von 40 m fördern; eine dritte gleichartige Maschine dient als Reserve. Jede Maschine leistet 155 PS. Für die Dampferzeugung sind je 7 thätige und 2 Reservekessel von je 62 qm Heizfläche mit 6 Atm. Ueberdruck vorhanden.

Das Müggelsee-Werk ist durch ein Gleis an die Niederschlesisch-Märkische Bahn angeschlossen und die Gleisanlage auf dem Grundstück so angeordnet, dass durch sie nicht nur die mit der Bahn, sondern auch die zu Wasser ankommenden Kohlen zu den Kohlenhäusern sämmtlicher Maschinenanlagen geschafft werden können.

Zur Entwässerung des Werkes ist ein gemauerter Kanal von dem Grundstücke bis zur Spree in einer Länge von rd. 1,8 km angelegt.

Die Hauptrohrleitungen auf den Werken sowie die Verbindungsleitungen zwischen Müggelsee und Lichtenberg bestehen aus gusseisernen Röhren von 1200 mm lichter Weite. Die Wandstärke dieser Röhren ist dem auf den betreffenden

Strecken vorkommenden grössten Betriebsdruck angepasst; diejenigen Röhren, welche einen Druck von 4½ Atm. auszuhalten haben, sind zur Sicherheit durch einen auf das Muffenende vorn aufgebrachten schmiedeisernen Ring verstärkt.

Zur Absperrung der 1200 mm weiten Stränge sind Schieber von 910 mm lichter Weite mit einem kurzen Uebergangsrohr auf der Zulaufseite verwendet, um die sehr kostspieligen und schwer zu handhabenden 1200 mm-Schieber zu vermeiden. Die Erfahrung hat bewiesen, dass eine solche Verengung des Querschnittes nur eine geringfügige Vermehrung der Druckhöhe veranlasst. Alle in die Druckstränge eingebauten Schieber von 610, 760 und 910 mm Dmr. sind mit Entlastung, D. R. P. 52747 versehen.

Der oben erwähnte Grundsatz der Zerlegung sämmtlicher Anlagen in je 4 selbständige Abtheilungen ist einzig bei den Leitungsröhren, welche die beiden Werke Müggelsee und Lichtenberg verbinden, der Kosten wegen, nicht beibehalten worden, indem für je zwei Abtheilungen ein Rohrstrang von 1200 mm lichter Weite verlegt ist. Die beiden Stränge werden an drei Punkten durch Schieberstellungen so verbunden, dass jede Theilstrecke im Falle eines Rohrbruches ausgeschaltet und durch den nebenliegenden Strang ersetzt werden kann.

Werk Lichtenberg. Dieses Werk hat, wie schon erwähnt, die Förderung des ihm vom Werk Müggelsee zugeführten filtrirten Wassers in die Stadt zu bewirken. Hierzu sind 6 Maschinenhäuser, 4 Reinwasserbehälter und 2 Kondensationswasserteiche erforderlich. Ausserdem befinden sich auf dem Grundstücke die nothwendigen Wohn-, Verwaltungs- und Werkstattgebäude.

Die vom Müggelsee-Werke gelieferte Wassermenge, welche in jeder Stunde eine gleiche ist, wird auf dem Lichtenberger Werke in Reinwasserbehälter aufgenommen, welche zur Ausgleichung dienen, da aus ihnen das Wasser in stündlich sehr ungleichen Massen in die Stadt gefördert wird. Erfahrungsmässig genügt für solche Ausgleichungsbehälter ein Nutzinhalt von 25 pCt der in 24 Stunden zu vertheilenden Wassermenge. Es sind daher, dem Zerlegungsgrundsatz entsprechend, 4 von einander ganz unabhängige Behälter, jeder mit rd. 15 000 cbm Nutzinhalt, zur Ausführung angenommen. Jeder Behälter ist durch eine Scheidewand in 2 Theile von gleichem Inhalte zerlegt; auf diese Weise erhalten je 2 Abtheilungen einen Reservebehälter von rd. 7500 cbm Inhalt.

Das Strassenrohrnetz zur Vertheilung des Wassers in Berlin ist, den Höhenlagen der Strassen entsprechend, in eine untere und eine obere Zone zerlegt. Erstere ist die bei weitem überwiegende, und für diese ist auch in Bezug auf die Maschinenanlage die Zerlegung in 4 unabhängige Abtheilungen streng durchgeführt. Der Versorgung der untereren Zone dienen die in den 4 mittleren, grösseren Maschinenhäusern aufgestellten Maschinen. Jedes Haus enthält 3 liegende Verbundmaschinen von 120 PS; eine der 3 Maschinen steht in Reserve Für jedes Maschinenhaus sind 6 Dampfkessel vorhanden, von denen 2 als Reserve anzusehen sind. Die Maschinen in den beiden äusseren Maschinenhäusern versorgen die obere Zone der Stadt.

Zum Abkühlen des Kondensationswassers der Dampfmaschinen ist für je 2 Abtheilungen ein Kondensationswasserteich von rd. 9300 cbm Wasserinhalt vorgesehen.

Der Entwurf zu diesen Werken ist verfasst von: Henry Gill, M. Inst. C. E., Direktor der Städtischen Wasserwerke; ausgearbeitet und ausgeführt durch das Bauamt der Städtischen Wasserwerke:

Vorsteher: E. Beer, Oberdirigent der Städtischen Wasserwerke;
Architekt: R. Schultze, Stadtbaumeister;
Ingenieure: G. Ziesemann, Stadtbaumeister,
Klein, Stadtbaumeister.

Lieferanten waren für die Maschinen:
Maschinenbauanstalt und Eisengiesserei A. Borsig, Berlin; Maschinenfabrik Cyclop, Mehlis & Behrens, Berlin; Hannoversche Maschinenbau-Aktiengesellschaft vorm. Georg Egestorff, Linden vor Hannover; Berliner Maschinenbau-Aktiengesellschaft vorm. L. Schwartzkopff, Berlin;

für die Schieber:
Bopp & Reuther, Pumpen- und Armaturen-Fabrik Mannheim; A. L. G. Dehne, Maschinenfabrik, Halle a. S.;

für die Röhren:
Kölnische Maschinenbau-Aktiengesellschaft, Köln-Bayenthal; Berliner Aktiengesellschaft für Eisengiesserei und Maschinenfabrikation, früher J. C. Freund & Co., Charlottenburg bei Berlin; Aktiengesellschaft Friedrich Wilhelms-Hütte, Mülheim a. d. Ruhr; Rud. Böcking & Co., Halbergerhütte bei Saarbrücken;

für Eisenkonstruktionen:
E. Belter & Schneevogl, Fabrik für Eiserne Brücken-, Dach- und Baukonstruktionen, Berlin; Aktiengesellschaft Lauchhammer, vereinigte vormals Gräfl. Einsiedelsche Werke, Lauchhammer.

D. Kanalisation.

Ueber die Berliner Kanalisation giebt das ausgestellte, im Auftrage des Magistrats von Berlin vom Königl. Baurath Dr. James Hobrecht im Jahre 1884 verfasste Werk nebst Atlas eingehendere Mittheilungen.

Die Rieselfelder, von denen ein Plan ausgestellt ist, dienen zur Aufnahme der Abwässer der Stadt Berlin. Die Anfänge der Aptirung dieser Rieselfelder datiren aus dem Jahre 1875, in dem man mit dem Gut Osdorf einen Anfang machte. Hatten bis dahin die Rieselfelder anderer Städte nur geringen Umfang, so dass sie aus dem Versuchsstadium eigentlich nicht herauskamen, so ist hier die Sache in grossem Maassstabe ausgeführt: bis Ende 1892 waren rd. 8150 ha Rieselfelder angekauft, von denen ungefähr 4700 ha aptirt sind.

Herausgepumpt werden jetzt nach den Rieselfeldern täglich im Durchschnitt rd. 150 000 cbm. Davon entfallen auf die südlichen Rieselfelder rd. 85 000 cbm und auf die nördlichen Rieselfelder rd. 65 000 cbm.

Nach den südlichen Rieselfeldern sind die Effluvien im Durchschnitt um 25 m, nach den nördlichen im Durchschnitt um 35 m zu heben.

Diese Arbeit wird geleistet von Pumpmaschinen in einer Gesammtstärke von 4284 PS, zu denen im Jahre 1893 noch Maschinen treten in einer Gesammtstärke von 772 PS, so dass dann also die Stärke sämmtlicher vorhandener Pumpmaschinen 5056 PS betragen wird.

Das Wasser gelangt durch Druckrohre von 1000 und 750 mm Durchmesser, die eine Gesammtlänge von 86 400 m haben, nach den Rieselfeldern.

Das Weichbild Berlins ist für die Kanalisation in 12 sogenannte Radialsysteme eingetheilt, wovon jedes für sich selbstständig entwässert. In dem ausgestellten Plan, Maassstab 1:3000, sind die zur Ausführung gekommenen Kanäle, Thonrohrleitungen, Nothauslässe mit ihren Mannlöchern, Einsteigebrunnen und Gullies gezeichnet, wobei die gemauerten Kanäle mit dickeren Strichen ausgezogen sind. Die Radialsysteme sind durch die entsprechenden Zahlen und durch verschiedene Farben gekennzeichnet. Die innere Stadt umfasst hauptsächlich die Radialsysteme I bis V und ist fertig kanalisirt. Ebenso sind fertig kanalisirt die Radialsysteme VI, VII, VIII, welche die im Süden, Westen und Nordwesten liegenden äusseren Theile der Stadt umfassen. Das Radialsystem X, im Norden von Berlin gelegen, ist ebenfalls bereits im Betrieb, wenn auch noch ein grösserer Theil davon mit Leitungen zu versehen ist. Die Radialsysteme XI und XII sind noch im Bau, doch wird ihre Inbetriebsetzung im Jahre 1893 erfolgen.

Das Radialsystem XI ist noch nicht begonnen, da seine Fläche zum grössten Theil unbebaut ist.

Angeschlossen an das Radialsystem VII sind auf Grund eines Vertrages Theile von Charlottenburg und Schöneberg.

Einschliesslich dieser Theile von Charlottenburg und Schöneberg sind bis jetzt im Ganzen 706 370 lfd. m Leitungen (gemauerte Kanäle, Thonrohrleitungen und Nothauslässe) ausgeführt; an die Kanalisation wurden bis jetzt 22 550 bebaute Grundstücke angeschlossen.

Entworfen und ausgeführt wurde die Kanalisation von Berlin von dem Königlichen Baurath und Stadtbaurath Dr. James Hobrecht.

Von den an der Lieferung der Baumaterialien betheiligten Firmen sind hauptsächlich zu nennen

1. für Mauersteine: Greppiner Werke, Greppin; Birkenwerder Aktiengesellschaft für Baumaterial, Berlin; W. C. Ernst, Ziegeleibesitzer in Beesenlaublingen; Scheer & Petzold, Ziegeleibesitzer, Berlin; G. Bienwald & Rother, Ziegeleibesitzer, Liegnitz.

2. für Thonrohre: Deutsche Thonröhren- und Chamotte-Fabrik, Münsterberg i. Schl.; Badische Thonröhren- und Steinzeugwaaren-Fabrik vorm. J. F. Espenschied, Friedrichsfelde (Baden); H. Polko, Bitterfeld.

3. für Eisentheile zu Einsteigebrunnen und Gullies: Keula, Eisenhüttenwerk bei Muskau; Lauchhammer, vereinigte vorm. Gräflich Einsiedelsche Werke, Gröditz in Sachsen; Cyclop (Mehlis & Behrens), Maschinenfabrik, Berlin.

4. Druckrohre (1000 bis 750 mm Dmr.): Berliner Aktiengesellschaft für Eisengiesserei und Maschinenfabrikation, Charlottenburg; Rud. Böcking & Co., Halbergerhütte bei Saarbrücken; Aktiengesellschaft Bergwerksverein Friedrich Wilhelms-Hütte, Mülheim a. d. Ruhr; Hannoversche Eisengiesserei, Hannover; Kölnische Maschinenbau-Aktiengesellschaft, Köln-Bayenthal; Königliches Hüttenamt, Gleiwitz; Lauchhammer, vereinigte vorm. Gräflich Einsiedelsche Werke, Gröditz in Sachsen.

5. für Maschinen: A. Borsig, Maschinenbauanstalt und Eisengiesserei, Berlin; Cyclop (Mehlis & Behrens), Maschinenfabrik, Berlin; Hannoversche Maschinenbau-Aktiengesellschaft vorm. Georg Egestorff, Linden vor Hannover; Wilhelms-Hütte, Aktiengesellschaft für Maschinenbau und Eisengiesserei, Eulau-Wilhelmshütte.

E. Neue städtische Gasanstalt.

Die Stadtgemeinde Berlin hat seit dem Jahre 1847 die Versorgung der Stadt mit Gas, sowohl für die öffentliche Beleuchtung als auch für die Abgabe an Private, in eigenen Betrieb übernommen und besitzt zur Zeit als Eigenthum vier Gasanstalten, davon 2 im nördlichen, 1 im östlichen, 1 im südlichen Stadtgebiete; die Entfernung der Anstalten von der Mitte der Stadt beträgt 2,4 bis 3,2 km.

Die 4 Anstalten stellen Leuchtgas aus Steinkohlen dar und haben zusammen eine höchste Leistungsfähigkeit von 670 000 cbm (23 662 000 Kubikfuss engl.) in 24 Stunden.

Die Gasproduktion im Betriebsjahre, vom 1. April 1891 bis 1. April 1892, war 103 400 000 cbm (3 652 000 000 Kubikfuss engl.), der grösste Gasverbrauch an einem Tage im December 1891 527 500 cbm (18 629 000 Kubikfuss engl.).

Die Zunahme im Gasverbrauch im jährlichen Durchschnitt betrug

von 1861—1871: 2 300 000 cbm = 81 227 000 Kubikfuss engl.,
„ 1871—1881: 2 748 000 „ = 97 049 000 „ „
„ 1881—1891: 3 772 000 „ = 133 212 000 „ „

Die Röhrensysteme der 4 Gasanstalten sind in der Stadt unter einander verbunden; sie haben zur Zeit eine Länge von 783 385 m.

Eine fünfte Gasanstalt wird südwestlich vom Stadtgebiete und ausserhalb desselben in der Nähe des Nachbarortes Schmargendorf in 7,2 km Entfernung von der Stadtmitte erbaut; ihr erster Theil, welcher in den Zeichnungen dargestellt ist, wird 1893 fertig gestellt und in Betrieb gesetzt werden; sie wird erbaut für eine tägliche Leistung von 350 000 cbm (12 360 000 Kubikfuss engl.).

Bezüglich ihrer Anordnung und Einrichtung im Einzelnen kann auf die sehr ausführlichen Zeichnungen verwiesen werden, welche den Lageplan, das Retortenhaus nebst Kohlenschuppen und Eisenbahnanlage, einen Retortenofen, die Häusergruppe vom Kondensator- bis zum Scrubberhause, die Häusergruppe für die Reiniger, Gasmesser, Regulirungsapparate, Exhaustoren und Dampfkessel, die Gasbehälteranstalt an der Augsburgerstrasse mit Ansicht und Durchschnitt eines Gasbehälterhauses darstellen.

Geistiger Urheber für die ganze Anlage ist der Oberdirigent Baumeister Reissner; als Konstrukteure waren thätig: Oberdirigent Baumeister Reissner und Anstaltsdirigent Hennig, welche auch ausführende Architekten und Ingenieure waren.

Bei den Lieferungen und Arbeiten für die Ausführung der Bauten sind die nachstehend angegebenen Fabriken betheiligt gewesen:

Berliner Aktiengesellschaft für Eisengiesserei und Maschinenfabrikation, Charlottenburg, für Röhren und Façonguss-Dampfkessel, genietete Hochreservoirs für Kaltwasser; Borsigsche Maschinenbauanstalt, Berlin - Moabit, für schmiedeiserne Strassenbrücke über die Berliner Ringbahn, schmiedeiserne Brücke für die Ueberführung der Gasröhren über dieselbe Eisenbahn, Eisensubkonstruktionen für die Hochbahngleise in der Gasanstalt, Dampfkesselspeisepumpen, Pumpen für Theer- und Ammoniakwasser; Aktiengesellschaft Lauchhammer in Lauchhammer in Sachsen für das eiserne Dachgespärre und die Dampfleitungsröhren; Maschinenfabrik Belter & Schneevogl, Berlin, für das eiserne gerade und Kuppeldachgespärre, für genietete eiserne Stützen und eiserne Balkenlager; Maschinenfabrik Cyclop (Mehlis & Behrens), Berlin, für das eiserne Dachgespärre, für Dampfkessel, Transmissionen, genietete Gasrohrleitungen, gusseiserne Betriebsapparate; Maschinenfabrik C. Hoppe, Berlin, für hydraulische Hebevorrichtungen für das Kuppeldach des Gasbehälterhauses und Aufzugsmaschinen für Baumaterialien, Dampfmaschinen, Exhaustormaschinen, Dampfpumpen, Transmissionen, Fahrstuhlanlagen; Kölnische Maschinenbau-Anstalt, Aktiengesellschaft, Bayenthal bei Köln, für das eiserne Kuppeldachgespärre und Gasbehälterglocke; Eisenwerk Marienhütte, Aktiengesellschaft, Kotzenau in Schlesien, für gusseiserne Säulen und gusseiserne Fenster

Fürstlich Stolbergsches Hüttenamt, Ilsenburg am Harz, für gusseiserne Betriebsapparate; Maschinenfabrik E. Becker, Berlin, für Laufkrahne, Drehkrahne, Schieberventile für Gasrohrleitungen von grossem Durchmesser; ferner: Stettiner Chamottfabrik, Aktiengesellschaft in Stettin, Chamottfabrik F. S. Oest Wwe. & Co., Berlin, Schönhauser Allee 127, und Chamottfabrik C. Kulmiz in Saarau in Schlesien für Retorten und Chamottsteine.

ZWEITER THEIL.

VERZEICHNISS DER AUSSTELLER
UND IHRER AUSSTELLUNGSGEGENSTÄNDE
NEBST ANGABEN
ÜBER IHREN TECHNISCHEN BETRIEB.

Deutsche Ingenieur-Ausstellung auf der Welt-Ausstellung in Chicago 1893

Abtheilung L,[1]) im Transportgebäude.

*(1603)[2])[3]) *Ackermann, Theodor,* München.
Bauschinger, Mittheilungen aus dem mechanisch-technischen Laboratorium der Königl. techn. Hochschule in München. — Frauenholz, W., Baukonstruktionslehre für Ingenieure. — Hoyer, E., Kurzes Handbuch für Maschinenkunde. — Seemann, A., Die Müller'schen Schieberdiagramme in Anwendung auf die Steuerung der Betriebsdampfmaschinen.

2822 (1604) *Aktien - Maschinenbau - Anstalt, vormals Venuleth & Ellenberger, Darmstadt.*

Modell einer landwirtschaftlichen Spiritusbrennerei; Zeichnungen ausgeführter Spiritusbrennereien und Trockenanlagen für deren Rückstände, sowie solcher von Brauereien und Stärkefabriken; Proben entsprechender Trockenprodukte.

Das Fabrikgeschäft wurde 1864 begründet und 1889 in eine Aktiengesellschaft umgewandelt. Als Specialität werden Brennereien, Spiritus- und Presshefenfabriken nach eigenen, patentirten Systemen gebaut und jährlich eine Anzahl solcher Anlagen nach sämmtlichen Ländern Europas geliefert. Seit etwa 9 Jahren werden ausserdem Trockenanlagen für Rückstände aus Spiritusbrennereien sowie Fäkalien-Trocknereien für alle in Betracht kommende Länder eingerichtet.

Altona s. 2868 (1668) *S.* 225.

---

[1]) Im Amtlichen Katalog der Ausstellung des Deutschen Reiches, S. 97 ist die Ingenieur-Ausstellung fälschlich mit Abtheilung G bezeichnet.

[2]) Die in Klammern gesetzten Nummern sind die des Amtlichen Kataloges; auf diese beziehen sich auch die Hinweise im ersten Theil.

[3]) Die an der Litteraturausstellung betheiligten Firmen sind mit einem * bezeichnet und haben zum Theil keine Nummern.

2922 (1605) ***André, Friedrich, Civilingenieur,*** *Hildesheim — vertr. durch George Wolff, 81 Illinois Street, Chicago.*

2 Modelle aus Eisenblech von Desinfektionsapparaten für Krankenanstalten und Gemeinden zum Desinficiren von Kleidungsstücken, Matratzen, Betten u. s. w.; Zeichnung einer Holzschleifmaschine.

Das Geschäft entstand im Jahre 1868 in Braunschweig und wurde im Jahre 1874 nach Hildesheim, Provinz Hannover, verlegt. Hauptsächlich werden Turbinen, Holzschleifereien, Mehl- und Oelmühlen, Sägereien, Dampfkessel, Dampfmaschinen, Einrichtungen für Krankenanstalten und andere gewerbliche Anlagen geliefert.

2923* (1606) ***Architekten- und Ingenieur - Verein zu Hannover,* *Hannover.*

Zeitschrift des Vereins, Jahrgang 1855—1881 und 1886—1892, nebst Inhaltsverzeichnis; 1—3 des Notizblattes des Vereins.

2823* (1607) ***Bach, C., Professor*, *Stuttgart.*

Druckwerke mit Zeichnungen: Berechnung und Konstruktion der Maschinenelemente; Konstruktion der Feuerspritzen; Versuche über Ventilbelastung, Ventilwiderstand und Ventilbewegung; die Wasserräder; Elasticität und Festigkeit; Versuche über die Widerstandsfähigkeit ebener Platten. [Eigene Arbeiten des Obigen.]

2957 (1608) ***Baer, Carl, Architekt und Bauunternehmer,*** *Eltville, Kreis Rheingau — vertr. durch Carl Michelbach, Architekt, Frankfurt a. M., Chicago.*

Projekte landwirtschaftlicher Bauten und Weinkeller-Anlagen. Normalentwurf zu einem Kuhstall für 66 Kühe.

Das bautechnische Bureau wurde gegründet im Jahre 1882 und befasst sich mit Anfertigung von Bauplänen, sonstigen Zeichnungen und Uebernahme vollständiger Bauten jeder Art; es ist seit dem Jahre 1885 mit der speciellen Bauleitung der Unterhaltungsarbeiten an den Domänialfiskalischen Kur- und Badegebäuden in Schlangenbad thätig und hatte im Jahre 1889 die Bauleitung bei Erbauung der Brunnenhalle für die fiskalische Brunnenverwaltung und der städtischen Wandelbahn nebst Musikpavillon (Eisenkonstruktion) zu Bad Langenschwalbach im Taunus.

*(1609) *Bassermann'sche Buchhandlung, München.*

Hart, J., Die Werkzeugmaschinen für den Maschinenbau zur Metall- und Holzbearbeitung. — Keller, K., Berechnung und Konstruktion der Triebwerke.

*2924 (1610) *Baumgärtner'sche Buchhandlung, Leipzig.*

Dürre, Dr. E. F., Die Anlage und der Betrieb der Eisenhütten, Band 1—3. — Heinzerling, Dr. F., Die Brücken der Gegenwart, Abth. 1—4; Der Eisenhochbau der Gegenwart, Heft 1, 2, 3. — Karmarsch - Fischer, H., Handbuch der mechanischen Technologie, Band 1 und 2. — Müller - Breslau, H. F. B., Die graphische Statik der Baukonstruktionen. — Ritter, Dr. A., Lehrbuch der technischen Mechanik; Lehrbuch der analytischen Mechanik; Lehrbuch der Ingenieur-Mechanik. — Rühlmann, Dr. M., Allgemeine Maschinenlehre, Band 1—4. — Tecklenburg, Th., Handbuch der Tiefbohrkunde, Band 1—5. — Uhland, H. W., Handbuch für den praktischen Maschinen - Konstrukteur, Band 1—4 und Supplement.

*2925 (1612) *Bergmann, J. F., Wiesbaden, zugleich i. F. C. W. Kreidels's Verlag, Wiesbaden.*

Barkhausen, Organ für die Fortschritte des Eisenbahnwesens in technischer Beziehung; Die Eigenschaften von Eisen und Stahl; Fortschritte im Bau der Betriebsmittel; — Brosius, J., Illustrirtes Wörterbuch der Eisenbahn - Materialien für Oberbau, Werkstätten, Betrieb u. Telegraphie. — Brosius, J. und Koch, R., Die Schule des Lokomotivführers. — Büte, Th. und Borries, A. v., Die nordamerikanischen Eisenbahnen in technischer Beziehung. — Heusinger, Kalender für Eisenbahntechniker für 1893. — Horstmann, W., Zeitschrift für das gesammte Lokal- und Strassenbahnwesen Jahrgang 1892. — Hoyer, E., Lehrbuch der vergleichenden mechanischen Technologie. — Koch, R., Lehrbuch des Eisenbahnmaschinen- und Werkstättendienstes und des technischen Betriebes. — Röhrig, E., Technologisches Wörterbuch, Band 1—3. — Susemihl, A. J., Das Eisenbahn-Bauwesen.

Berlin s. 2869 (1669) *S.* 226.

*(1613) **Bielefeld's Verlag,** *Karlsruhe.*
Fischer, F., Feuerungs-Anlagen für häusliche und gewerbliche Zwecke.

2824 (1614) **Bleichert, Adolf, & Co.,** *Leipzig-Gohlis.*
Zeichnungen und Photographieen ausgeführter Drahtseilbahnen.

Die Fabrik wurde gegründet im Jahre 1873, sie beschäftigt sich ausschliesslich mit dem Bau von Drahtseilbahnen Bleichert'schen Systems zum Transport von Kohlen, Koks, Torf, Nutz- und Brennholz, Erzen, Salz, Hochofenschlacke, Bruch-, Pflaster- und Bausteinen, Ziegeln, Thon, Kreide, Abraum, Zuckerrüben und Schnitzeln, Zuckerrohr, Getreide und Mehl, Stroh, Hadern, Holzstoff, Abfällen u. s. w.

Bis Ende 1892 wurden von der Firma 660 grössere Anlagen mit zusammen 800000 m Länge, davon in den letzten 5 Jahren 285 Anlagen mit 304000 m Gesammtlänge ausgeführt. Die jährliche Leistungsfähigkeit der Fabrik und des technischen Montagepersonals beträgt z. Z. etwa 75 grössere Anlagen mit rund 100000 m Baulänge.

2825 (1615) **Blohm & Voss, Kommanditgesellschaft auf Aktien, Schiffswerft und Maschinenfabrik,** *Hamburg.*

3 vollständig ausgeführte Schiffsmodelle: S. M. „Condor", Kreuzer der Kaiserlich deutschen Marine; S. S. „Kanzler", Postdampfer der deutschen Ostafrika-Linie in Hamburg; S. S. „Cintra", Postdampfer der Hamburg-Südamerikanischen Dampfschiffahrtsgesellschaft in Hamburg.

Die Werft wurde im Jahre 1877 erbaut und in den Jahren 1888/90 bedeutend erweitert, ist im Hamburger Hafen belegen und besitzt ausgedehnte Kais für die in Bau und Reparatur befindlichen Schiffe.

Die Fabrikanlagen umfassen Maschinenfabrik, Kesselschmiede, Schmiede, Tischlerei, Sägerei und alle anderen zum Schiffbau in Eisen und Stahl erforderlichen Werkstätten und Einrichtungen, u. a. sind zwei Schwimmdocks vorhanden. Der Betrieb ist für den Bau und die Reparatur der grössten Dampf- und Segelschiffe und für Neubauten der Handels- und Kriegs-Marine eingerichtet und beschäftigt gegen 2000—3000 Arbeiter.

2826 (1616) **Bock, O., Ziegelei-Ingenieur,** *Weimar.*
Modell der Gail'schen Dampfziegelei und Thonwarenfabrik in Giessen, gebaut 1891/92; Zeichnungen der Dampfziegelei Schanzenberg in Saarbrücken, gebaut 1891/92;

Das technische Bureau für Anlage vollständiger Dampfziegeleien, Flachziegel- und Thonwarenfabriken, Kalk- und Portlandcementwerke, begründet im Jahre 1873, hat etwa 300 grössere Anlagen im In- und Auslande erstellt.

Bremen, s. 2830 (1702) S. 235.

2926 (1617) *Breyer, Johs., F., Kaufmann, Hamburg, Uhlenhorst, Körnerstrasse 18.*
Modell eines Wasservelocipeds.

2872 (1618) *Breymann & Hübener, Hamburg.*
Modelle für transportable Bahnen, Gleisrahmen, Weichen, Drehscheiben, Kippwagen; illustrirte, systematisch geordnete Kataloge der Specialitäten der Firma.

Das Geschäft befasst sich seit 1877 mit der Ausfuhr von Maschinen, der Projektirung und Ausführung industrieller Anlagen jeder Art nach überseeischen Ländern, hauptsächlich nach Mittel- und Süd-Amerika wo mehrere Filialen und zur Bereisung des Landes Ingenieure für die verschiedenen Branchen unterhalten werden. Ausgeführt wurden bisher: Dampfmaschinen, Kessel, Lokomobilen; Mühlenanlagen für Getreide, Oel, Cement u. s. w.; transportable Bahnen, Gleise, Lokomotiven, Wagen; Bergwerksmaschinen, Pumpen, Turbinen, Wasserräder; Zuckerfabriken, Brennereien, Brauereien und Eisfabriken; elektrische Licht- und Telephon-Anlagen, elektrische Kraftübertragungen; Motoren für Gas und Petroleum; Feuerspritzen; Holzbearbeitungs- und Werkzeugmaschinen; landwirtschaftliche Maschinen, Göpelwerke; Papierfabriken; Gas- und Wasserleitungsröhren, Armaturen, Transmissionen; Eisenkonstruktionen, Lagerhäuser, Brücken, Hallen u. s. w.

2951 (1619) *Briegleb, Hansen & Co., Eisengiesserei und Maschinenfabrik, Gotha.*
4 Blatt Zeichnungen ausgeführter Turbinenanlagen.

Das Geschäft ist gegründet im Jahre 1861; es gehören dazu 1 Maschinenfabrik, 1 Eisengiesserei und 1 hydraulische Versuchsanstalt. Das Gesammtpersonal besteht aus 290—300 Personen. In Thätigkeit sind 56 Werkzeugmaschinen, 18 Räderformmaschinen, 3 Aufbereitungsmaschinen für Formsand, 13 Laufkrahne und 3 Drehkrahne. Gebaut werden vor allem Turbinen (80—100 Stück jährlich), ferner Transmissionen, Krahne und Sicherheitswinden, Zahnräder, Schneckenräder, Seilscheiben und anderer Maschinenguss aus deutschem Qualitäts-Roheisen.

2829 (1620) *Bürgermeisterei Darmstadt.*
Pläne des städtischen Wasserwerkes, welches 1879/80 für eine

Leistungsfähigkeit von 4000 cbm täglich erbaut und 1891/92 für eine solche von 12000 cbm erweitert wurde.

2830 (1621) *Bürgermeisterei Worms.*
Modelle und Pläne eines Versenkungsapparates (Patent No. 436914 und 436915 der Vereinigten Staaten Amerikas) System Fischer, für ein Verfahren, um bei wasserhaltigem Boden Rohrstränge ohne Anwendung von Spundwänden verlegen zu können; Modell und Pläne der neuen Filteranlage in Worms, System Fischer und Peters.

* *Busley, C., Professor, Kiel.*
R. Haack und C. Busley, Die technische Entwicklung des Norddeutschen Lloyds und der Hamburg-Amerikanischen Packetfahrt Aktien-Gesellschaft.

* 2927 (1622) *J. G. Cotta'sche Buchhandlung Nachfolger, Stuttgart.*
Bach, E., Die Maschinenelemente, ihre Berechnung und Konstruktion mit Rücksicht auf die neueren Versuche. — Bauernfeind, Vorlegeblätter für Brückenbaukunde; Vorlegeblätter zur Strassen- und Eisenbahnbaukunde. — Bernoulli, Dampfmaschinenlehre; Vademekum des Mechanikers. — Freytag, F., Die Dampfmaschinen der Pariser Weltausstellung 1889. — Heinzerling, Schlagwetter und Sicherheitslampen. — Hering, C. A., Die Verdichtung des Hüttenrauches. — Lauenstein, Die Festigkeitslehre; Die Graphische Statik; Leitfaden der Mechanik.

* (1623) *Craz & Gerlach, Freiberg i. S.*
Jahrbuch für das Berg- und Hüttenwesen im Königreich Sachsen, Jahrgang 1885—1892; Riedler, Skizzen über Lasthebemaschinen.

Darmstadt s. 2829 (1620) S. 209.

2832 (1624) *Deseniss, F., H. & Jacobi, A., Maschinenbauanstalt, Hamburg.*
Zeichnungen von Brunnenbohrapparaten; graphisch-statistische Tabellen über die durch die Firma ausgeführten Brunnenbohrungen.

Die Maschinenbau-Anstalt, im Jahre 1867 in Hamburg begründet, wurde nach mehrmaliger Erweiterung im Jahre 1891 nach dem neu erbauten, bedeutend vergrösserten Fabrik-Etablissement, Wendenstr. 133/135 verlegt. Die Firma betreibt schon seit dem Jahre 1869 als Specialität die Herstellung gebohrter Brunnen zur Gewinnung von Wasser für Trinkgebrauch und für gewerbliche Anlagen aller Art und hat das Verdienst, diese Art der Wassergewinnung im Norden Deutschlands eingeführt und viel zu deren Verbesserung und jetzigen Ausdehnung beigetragen zu haben. Die Maschinenbauanstalt beschäftigt sich mit der Anfertigung von vollständigen Bohreinrichtungen, Wasserversorgungen, Anlagen von Tiefpumpwerken, Dampfmaschinen, Fabrikeinrichtungen und Transmissions-Anlagen, sowie von Dampf- und Maschinenpumpen, Centrifugal-, Hand- und Baupumpen, auch Krahnen, Winden, Hebevorrichtungen u. s. w. Die Zahl der Arbeiter beträgt bis zu 120.

2833 (1625) *Deutsche Continental-Gas-Gesellschaft, Dessau.*

Zeichnungen und Broschüren über die Gebäude und Apparate der zweiten Gasanstalt zu Warschau und der elektrischen Zentralstation zu Dessau.

Die Gesellschaft ist gegründet im Jahre 1855; das Aktienkapital beträgt 15 000 000 M., die Obligationen 7 500 000 M. Die Gesellschaft versorgt folgende Städte mit Leucht-, Heiz- und Kraftgas. In Deutschland: Frankfurt a. O., Potsdam-Neuendorf, Dessau, Luckenwalde, M.-Gladbach, Rheydt, Hagen i. W., Erfurt, Nordhausen, Gotha, Ruhrort, Herbesthal; in Oesterreich: Lemberg; in Russland: Warschau. Die Gasproduktion sämmtlicher Gasanstalten betrug im Jahre 1892 36 392 790 cbm. Die Gesellschaft verarbeitet ihre Ammoniakwasser auf Salmiakgeist und Ammoniaksalze; sie betreibt in Warschau eine Theerdestillation; in Dessau besitzt sie eine Zentralwerkstatt für Fabrikation von Gasuhren aller Arten und von Gasapparaten zum Heizen und Kochen. Im Jahre 1886 hat sie in Dessau eine elektrische Zentrale mit Gasmotorenbetrieb errichtet.

Direktion der Halberstadt-Blankenburger Eisenbahn-Gesellschaft s. 2834 (1642) S. 216.

2835 (1626) *Eichhorn, K., Civilingenieur, Stolberg, (Rheinland).*

Zeichnung einer Fabrikanlage zur Zinkblenderöstung mit Benutzung des gesammten Schwefelgehaltes der Blende zur Schwefelsäurefabrikation.

2928 (1627) *Eichner, W., Leipzig-Gohlis.*
Zeichnung von Flechtwerk-Dächern, erfunden von Professor Dr. A. Föppl in Leipzig.

Aussteller hat die Verwertung der Föpplschen Erfindung mit dem Ingenieur P. Preil, Leipzig, übernommen.

2837 (1628) *Eisenwerk (vorm. Nagel & Kaemp) A.-G., Hamburg Uhlenhorst.*
Zeichnungen einer Roggenmühle, einer Reismühle, einer Portland-Zementfabrik und einer Krahnanlage.

Das Eisenwerk verfügt über ein starkes Ingenieurbureau, welches auf den Erfahrungen der im Jahre 1866 begründeten Firma Nagel & Kaemp weiter arbeitet, und über eine von dieser Firma im Jahre 1875 gegründete, bestens eingerichtete Maschinenfabrik.

Das Ingenieurbureau befasst sich mit der Ausarbeitung von Plänen und Kostenanschlägen für ganze Anlagen, insbesondere zur Ausnutzung von Wasserkräften, zur Ent- und Bewässerung, für Zementfabriken Getreidemühlen, Reismühlen, Silospeicher und Krahnanlagen. Die Maschinenfabrik fertigt die meisten der für diese Specialitäten erforderlichen Maschinen und Einrichtungen selbst an, zum grossen Theil nach eigenen Patenten.

*2929 (1629) *Engelmann, Wilhelm, Leipzig.*
H a a r m a n n, Das Eisenbahngleise; Handbuch der Eisenbahntechnik; Handbuch der Ingenieurwissenschaften. — K ö h l e r, G., Lehrbuch der Bergbaukunde. — P f l e g e r, R., Projekt zur Korrektion der Unterweser. — V o i s i n - B e y, Die Seehäfen Frankreichs, deutsche autorisierte Ausgabe. — W e b e r, M., M., Frhr. v., Die Wasserstrassen Nord-Europas. — W e x, G., Ritter v., Hydrodynamik.

*(1630) *Felix, Arthur, Leipzig.*
Berg- und hüttenmännische Zeitung, Jahrgang 1890—1892. — K e r p e l y - B e c k e r t, Bericht über die Fortschritte der Eisenhüttentechnik. Jahrgang 1889.

2838 (1631) *Fölsche, R., Civilingenieur, Halle a. S.*
Plan und Ansicht einer Rübenzuckerfabrik für 500 t täglicher Leistung; Photographieen von Transportbahnen; Photographie einer Batterie von Auswasch-Zentrifugen zur Herstellung von weissem Zucker.

Das Geschäft ist gegründet im Jahre 1879; als Specialität werden Einrichtungen von Zuckerfabriken und Transportanlagen gefertigt; ausgeführt wurden u. a. die Pläne für den Neubau und Veranschlagung der Zuckerfabrik und Raffinerie Helsingborg (Schweden); ferner wurden für eine grosse Zahl von Zuckerfabriken Deutschlands und des Auslandes geliefert: Rübenschwemmanlagen, Schlammabsatz- und Wasser-Reinigungsanlagen, Diffusionsbatterieen mit Zubehör, Kettler's Turbinen-Kondensatoren für Verdampfstationen, Saturationsanlagen für Schwefelsäure, Patentzentrifugen zum Auswaschen des Rohzuckers und der Rohzuckerfüllmasse zur Herstellung von weissem Konsumzucker, Transportbahnen für Rübenschnitzel, Kohlen, Steine u. s. w., Kalköfen nebst Kalklöschstationen, Schnitzeltrocken-Anlagen.

Frankfurt a. M. s. 2870 (1670) *S.* 226.

2841 (1632) *Generaldirektion der Grossherzoglich badischen Staatseisenbahnen, Karlsruhe.*

Zeichnungen der Mannheimer Hafenanlagen; Plan der Höllenthalbahn nebst Längenprofil, sowie Zeichnungen über die verwandten Zahnstangen, Lokomotiven und Wagen.

2840 (1633) *Generaldirektion der Königlich bayerischen Staatseisenbahnen, München.*

Photographieen einer Inn- und einer Mainbrücke; von 3 weiteren Eisenbahnbrücken der Einsteighalle im Zentralbahnhof München. 2 Modelle eines Gerber'schen Fachwerkknotens und eines Pfeilerfachwerkträgers.

2843 (1634) *Schiff- und Maschinenbau-Aktien-Gesellschaft „Germania", Berlin. Zweigniederlassung Kiel.*

Vollmodelle einer Kreuzerkorvette, eines Panzerschiffes, eines Aviso, zweier Hochseetorpedoboote, eines Barkschiffes, eines Pumpenbaggers; Modell der Germania-Schiffswerft und 6 Halbmodelle.

Die Schiffswerft in Gaarden am Kieler Hafen und die Maschinenfabrik Eisengiesserei, Metallgiesserei und Kesselschmiede in Tegel bei Berlin beschäftigen 2000 Arbeiter. Specialitäten: Schiffe und Schiffsdampfmaschinen für die Kriegs- und Handelsmarine, Torpedoboote, Torpedojäger, Dampfbagger, Dampfmaschinen und Bergwerksmaschinen.

*2930 (1635) *Glaser, F., C., Berlin, Lindenstr. 80.*

Annalen für Gewerbe und Bauwesen, 31 Bände.

2890 (1636) *Grossherzoglich badische Oberdirektion des Wasser- und Strassenbaues, Karlsruhe.*
2 Blatt Strassenbrücke über den Neckar in Mannheim; perspektivische Ansicht und Darstellung des Systems der Eisenkonstruktion und des Unterbaues dieser Brücke.

2845 (1687) *Grossherzoglich hessisches Staatsministerium bezw. Finanzministerium, Darmstadt.*
Pläne für die Erbauung einer festen Strassenbrücke über den Rhein bei Mainz.

2846 (1638) *Grove, David, Ingenieur und Kgl. Hoflieferant, Berlin SW., Friedrichstrasse 24.*
13 Blatt Zeichnungen und Pläne der Heizungs- und Lüftungsanlagen im neuen Reichstagsgebäude zu Berlin, preisgekröntes Projekt, augenblicklich in Ausführung begriffen.

Die Firma beschäftigt sich seit 1864 in eigener Fabrik mit der Projektirung und Ausführung von Heizungs- und Lüftungs- sowie Wasserversorgungs- und Kanalisationsanlagen, Gasbeleuchtungs-, Ventilations- und Trockeneinrichtungen für industrielle Zwecke sowie Herstellung von Badeanlagen, speciell Brausebädern für Massenbenutzung nach eigenem System.

An grösseren Anlagen dieser Art sind zu erwähnen: Museum für Naturkunde, Lessingtheater, Grosse National-Mutterloge zu den 3 Weltkugeln zu Berlin, neues Rathaus zu Hamburg, Zentralbahnhof zu Düsseldorf, Reichsgerichtsgebäude zu Leipzig, Justizpalast zu München, die Wasserversorgung der Stadt Colberg, die Heizungsanlagen im Neuen Palais zu Potsdam, Heizungsanlagen im Reichsversicherungsamt zu Berlin, Heizungs-, Wasserleitungs- sowie sonstige sanitäre Einrichtungen im Schlosse der Kaiserin Friedrich, Friedrichshof bei Cronberg am Taunus, Heizungs- und Lüftungsanlage im Garnison-Lazareth zu Potsdam, Wasserversorgung und Kanalisationsanlage sowie Heizung der Armee-Konservenfabrik zu Haselhorst bei Berlin u. s. w.

2953 (1689) *Gutehoffnungshutte, Aktienverein für Bergbau und Hüttenbetrieb, Oberhausen 2 (Rheinland).*
Eisenkonstruktionen für die Ausstellungshalle der Firma Fr. Krupp in Essen; Sammlung von Photographieen ausgeführter Bauwerke.

Die Gutehoffnungshütte ist die Nachfolgerin der im Jahre 1808 gegründeten Handelsgesellschaft Jacobi, Haniel & Huyssen, eines bedeutenden

Werkes des Eisen- und Stahl-Grossgewerbes. 1872 wurde das Geschäft unter der neuen Firma bedeutend erweitert und besitzt jetzt folgende 9 Werke, die unter sich durch ein 45 km langes Eisenbahngleise verbunden sind.

I. Abtheilung Sterk|rade mit 5 Kupol-Oefen, 2 Flammöfen, 1 Siemens-Martin-Öfen, 18 Dampfmaschinen, 1 Lokomotive, 2 fahrbaren Dampfkrahnen von zusammen etwa 700 PS., 7 Dampfhämmern mit 15 800 kg Fallgewicht, 22 Dampfkesseln, 250 Werkzeugmaschinen, 1 Holzschneidemühle; sie umfasst 1) Eine Maschinenbau-Anstalt, welche Walzwerksmaschinen, Maschinen für den Steinkohlenbergbau und Schiffsmaschinen, Förder- und Wasserhaltungsmaschinen, selbstthätige Kippvorrichtungen, hydraulische Anlagen und Hebevorrichtungen für Häfen, Bahnhöfe [u. s. w. liefert. 2) Eine Giesserei, in welcher besonders Gussformen für Stahlwerke hergestellt werden. 3) Eine Stahlformgiesserei. 4) Eine Dampfhammerschmiede, welche als Besonderheit Schiffs-Achsen, Steven, Anker und Ketten fertigt. 5) Eine Dampfkesselschmiede. 6) Eine Brückenbau-Anstalt. In dieser wurden u. a. gefertigt: 6 Brücken über den Rhein, 140 Brücken für die Gotthardbahn, 2 Brücken über die Weichsel, 3 Brücken über die Elbe, 1 Brücke (Kaiserbrücke) über die Weser, Schwimmdocks für die Kaiserlichen Werften in Danzig, Wilhelmshaven und Kiel, der eiserne Leuchtturm bei Campen, die Halle für den Anhalter Bahnhof in Berlin (10500 qm Grundfläche), die Hallen für den Hauptbahnhof in Frankfurt a. M. (grösste Hallen in Europa, 31584 qm Grundfläche), ein 100 Tonnen-Schwimmkrahn für die Kaiserliche Werft in Kiel, Schleusenthore bei Wilhelmshaven und Rendsburg.

II. Walzwerk Oberhausen in Oberhausen 2 mit 37 Puddelöfen, 15 Schweissöfen, 7 Wärmöfen, 11 Walzenstrassen, 46 Dampfmaschinen und 9 Dampfhämmern von zusammen etwa 7000 PS und 40 Dampfkesseln.

III. Walzwerk Neu-Oberhausen bei Oberhausen 2 mit einem Stahlwerk für Bessemer-, Thomas- und Martinbetrieb, 4 Birnen und 4 Siemens-Martin-Öfen enthaltend, 16 Puddelöfen, 14 Schweiss- bezw. Wärmöfen, 10 Walzenstrassen, 78 Dampfmaschinen, 10 Dampfhämmern, 5 Lokomotiven und 5 fahrbaren Dampfkrahnen von zusammen etwa 13 000 PS und 96 Dampfkesseln. Diese beiden Walzwerke erzeugen jährlich etwa 160 000 t fertige Waare.

IV. Eisenhütte Oberhausen in Oberhausen 2 mit 9 Hochöfen, 22 Cowper-Winderhitzungs-Apparaten, 565 Koksöfen, 66 Dampfmaschinen von zusammen etwa 5000 PS, 12 Lokomotiven von 2000 PS und 84 Dampfkesseln, erzeugt jährlich etwa 300 000 t Roheisen.

V. Zeche Oberhausen in Oberhausen 2 mit 3 Fördermaschinen, 2 Wasserhaltungsmaschinen und 4 kleineren Maschinen von zusammen 1400 PS und einer grossen Kohlenwäsche, fördert täglich 1800 t Steinkohlen.

VI. Zeche Ludwig in Rellinghausen bei Essen a. d. Ruhr mit 1 Förder- und 1 Wasserhaltungsmaschine von zusammen etwa 800 PS, liefert täglich 600 t Nusskohlen, Anthracit- und Salon-Kohlen, ferner Ziegel- und Kalkkohlen.

VII. Zeche Osterfeld in Osterfeld mit 2 Förder- und 1 Woolf-schen Wasserhaltungsmaschine sowie 1 Luftkompressor von zusammen etwa 1500 PS und 2 Kohlenwäschen, liefert täglich 1300 t Kohlen.

VIII. Abtheilung Ruhrort in Ruhrort mit einer Dampfmaschine von 15 PS baut Dampfschiffe, Tauerschiffe, eiserne Kähne und Schwimmkrahne.

IX. Hammer Neu-Essen bei Oberhausen 2, Fabrik feuerfester Steine mit 10 Brennöfen, 2 Wasserrädern, 2 Mahlgängen und 2 Thonmühlen.

Das gesammte Grundeigentum des Vereins umfasst 820 ha. Die bebaute bezw. überdachte Fläche beträgt 190000 qm. Die ganze Betriebskraft beziffert sich auf etwa 35000 PS. Der Aktienverein beschäftigt z. Z. über 10000 Beamte und Arbeiter und arbeitet mit einem Aktien-Kapital von 16029000 M.

*(1640) *Haeder, Herm., Duisburg.*

Häder, H., Die Dampfmaschinen.

*(1641) *Hahn'sche Buchhandlung, Hannover.*

Rühlmann, Hydromechanik.

2834 (1642) *Direktion der Halberstadt-Blankenburger Eisenbahn-Gesellschaft, Blankenburg a. H.*

Zeichnung des Längenprofils der Harz-Zahnradbahn; eine kolorirte Reliefkarte derselben; Modell des Oberbaues mit Adhäsions- und Zahnstangenstrecken; Modell der kombinirten Zahnrad-Adhäsions-Lokomotive, System Abt; Brückenmodell der Harz-Zahnradbahn, System Liebold.

2848 (1643) *Haniel & Lueg, Maschinenfabrik, Eisengiesserei und Hammerwerk, Düsseldorf-Grafenberg.*

Zeichnungen der ausgeführten hydraulischen Einrichtungen für die Häfen von Hamburg und Venedig (Gesammtwert der Maschinen-Einrichtungen 2 Millionen Mark).

Die Fabrik von Haniel & Lueg wurde 1878 erbaut und beschäftigt rd. 1000 Arbeiter. Die Erzeugnisse umfassen alle maschinellen Einrichtungen für den Bergbau, besonders unterirdische Wasserhaltungsmaschinen und Bergwerks-Schachtpumpen aller Grössen, Maschinen und Apparate für das Abbohren tiefer Bergwerksschächte, hydraulische Maschinen und Einrichtungen, hydraulische Hebezeuge, hydraulische Pressen und Nieteinrichtungen; Walzwerkanlagen; ferner Schmiedestücke jeder Form bis zu 30000 kg, gusseiserne Röhren, Tübbings u. s. w.

2849 (1644) *Hannover'sche Maschinenbau-A.-G. vorm. Georg Egestorff, Linden vor Hannover.*
3 Zeichnungen von Wasserwerksanlagen von Berlin und Rotterdam.

Die Maschinenbau-Gesellschaft ist im Jahre 1871 hervorgegangen aus der im Jahre 1836 von Georg Egestorff gegründeten Maschinenfabrik und Eisengiesserei. Das Werk umfasst ein Areal von nahezu 200 000 qm, von denen 31 500 qm mit Arbeiterwohnungen besetzt sind. Die Werkstätten sind eingerichtet vorzugsweise für die Herstellung von Lokomotiven und Tendern, von denen jährlich 150 bis 180 Stück, im ganzen bisher 2500 geliefert wurden; von Dampfmaschinen, Dampfkesseln, Dampfpumpen und Pumpwerken zur Wasserversorgung oder Kanalisation von Städten. Die Eisengiesserei liefert Gussstücke bis zu 12 500 kg Gewicht; besonders betrieben wird die Massenfabrikation von Rippenheizkörpern, auch werden Heizungs- und Lüftungsanlagen ausgeführt. An Betriebsmaschinen, Werkzeugmaschinen und sonstigen Einrichtungen sind gegenwärtig vorhanden: 14 Dampfmaschinen mit zusammen 550 PS, 16 Dampfhämmer von 250 bis zu 3000 kg Fallgewicht, 18 Dampfkessel mit zusammen 880 qm Heizfläche, etwa 100 Schmiedefeuer, 15 Schweiss-, Glüh- und Härteöfen, 4 Kupolöfen, 1 Flammofen, 2 Betriebslokomotiven und etwa 800 verschiedene Werkzeugmaschinen. Die Zahl der im Werke beschäftigten Arbeiter beträgt durchschnittlich 1700 Mann, zu deren Beaufsichtigung 115 Beamte und Meister angestellt sind.

An grösseren Wasserwerksanlagen sind bisher geliefert: Die maschinellen Einrichtungen von 4 Pumpstationen der städtischen Wasserwerke und von 5 Pumpstationen der städtischen Kanalisationswerke in Berlin, ferner die Wasserwerke der Städte Hannover, Braunschweig, Bremerhaven, Barmen, Düsseldorf, Duisburg, Cleve, Merseburg, Geestemünde, Worms und Cassel, und im Auslande, der Städte Schiedam, Nymegen Rotterdam, Helsingfors u. s. w.

* *Hartmann, W., Professor, Berlin.*
Theorie der Lokomotiv-Tenderkupplungen.

2850 (1645) *Helios, A.-G. für elektrisches Licht und Telegraphenbau, Köln-Ehrenfeld.*
8 Zeichnungen und Photographieen über die Zentralen in Köln und Amsterdam.

Das Unternehmen wurde 1882 durch den Ingenieur C. C o e r p e r gegründet. 1883 baute Helios selbstregulierende Kompounddynamos für gleichzeitigen Betrieb von Bogen- und Glühlicht in Parallelschaltung, 1885 die ersten langsam laufenden Dampflichtmaschinen von nur 80—100 Umdrehungen in der Minute. Seit 1885 baut Helios neben Gleichstromdynamos auch Wechselstrommaschinen und Transformatoren. Die Beleuchtungsanlagen von Köln und Amsterdam werden mit Wechselstrom-Transformatoren betrieben. In Nordamerika werden die Bogenlampen durch die Helios - Compagnie in Philadelphia hergestellt. Zahl der in Deutschland beschäftigten Arbeiter bis zu 600.

*(1646) *Heymann, Carl,* Berlin.*
Bericht über die Unfallverhütungs-Ausstellung. — Biedermann, Technisch- und chemisches Jahrbuch.

2852 (1647) *Heyn, J., Civilingenieur und Mühlenbaumeister, Stettin.*
Zeichnungen einer selbstthätigen Überfallwehrklappe, D. R.-P. No. 65 252 und eines Rollschützenwehrs D. R.-P. No. 37 528.

Das Geschäft wurde gegründet im Jahre 1875 und beschäftigt sich hauptsächlich mit dem Bau von Mühlen, Wassermotoren und Wehranlagen zum Aufstau des Wassers unter Verwertung zahlreicher, von dem Inhaber auf einschlägige Konstruktionen genommener Patente, u. a. auf Klappenschützen für Turbinen, Mühlrechen, Rollschützen für Gerinne, Überfallwehrklappen, Plansichter, Vollgatter, Sägekappen für Vollgattersägen u. s. w.

2853 (1648) *Hoffmann, Fried., Baurath, Berlin, Kesselstrasse 7.*
2 Modelle, 2 Zeichnungen und Photographieen von Hoffmann'schen Ringöfen zum Brennen von Ziegeln, Kalk und Zement.

2854 (1649) *Maschinenbau-Anstalt „Humboldt", Kalk bei Köln a. Rh.*

Pläne über ausgeführte Erz- und Kohlen - Aufbereitungsanlagen, Stückkohlen-, Dolomit-, Thomasschlacken - Zerkleinerungsanlagen, Kettenförderungsanlagen, Förder- und Wasserhaltungsanlagen; gelochte Bleche.

Die Maschinenbau-Anstalt besteht seit 1856 und beschäftigt etwa 1000 Arbeiter, sie fertigt alle Erzeugnisse der Eisengiesserei und des allgemeinen Maschinen- und Dampfkesselbaues, pflegt aber besonders den Bau von Aufbereitungs-Anstalten für Erze und Kohlen und besitzt hierfür eine wohl ausgerüstete Versuchsanstalt. Nicht minder gepflegt wird der Bau von Maschinen und ganzen Anlagen zur Zerkleinerung für Zement-, Chamotte-, Schmirgel-, Gyps-, Trass- und keramische

Fabriken; ferner werden gebaut Bergwerksmaschinen jeder Art; alle Maschinen für den Hüttenbetrieb; Kältemaschinen und Luftkühl-Anlagen; Apparate zur Reinigung und Klärung des Wassers; Maschinen für Drahtseilfabrikation; Maschinen für Gummi-Fabrikation; gelochte Bleche in allen Metallen und für jeden Zweck.

2855 (1650) *Intze, Otto, Professor, Aachen.*

Zeichnungen und Photographieen über den Bau der Thalsperre bei Remscheid nebst Pumpstation; Zeichnungen von Werkstattsbauten, Gasbehältern und Wasserthürmen, u. a. der Kanonenwerkstatt V von Krupp in Essen, der Maschinenhalle und des Schiffbauschuppens für die Werft von Blohm & Voss in Hamburg, der Wasserthürme der Städte Düren und Lübeck, der Wasserthürme für die Staatseisenbahnen in Preussen, des Gasbehälters von 37 000 cbm Inhalt für Fr. Krupp in Essen u. s. w.

2856 (1651) *Kaiserliche Kanal-Kommission, Kiel.*

Reliefplan des Nord - Ostseekanals; Modell der Holtenauer Schleusen; Bild der Brücke Grünenthal.

Der Bau des Nord-Ostseekanals wurde durch das Reichsgesetz vom 16. März 1886 genehmigt. Er wird von einer dem Reichsamt des Innern unterstellten besonderen Behörde, die ihren Sitz in Kiel hat, ausgeführt.

Der Kanal führt von der Elbemündung über Rendsburg nach der Kieler Bucht, er hat eine Länge von 98,65 km, eine Sohlenbreite von 22 m, eine Wasserspiegelbreite von 65 m, eine Tiefe von 8,5 m unter dem niedrigsten und von 9 m unter dem mittleren Wasserspiegel. An den beiden Endpunkten des Kanals bei Kiel und Brunsbüttelhafen werden zum Abschluss gegen die wechselnden Wasserstände der Elbe und Ostsee Schleusen erbaut. Jede dieser Schleusen ist eine Doppelschleuse mit zwei nebeneinander liegenden Kammern von 150 m nutzbarer Länge und 25 m Breite, die durch eine starke Zwischenmauer derartig von einander getrennt sind, dass jede Kammer für sich allein zum Durchschleusen von Schiffen benutzt werden kann.

Zur Ueberführung der Eisenbahnen und des Landverkehrs über den Kanal sind 14 Fähren vorgesehen, 2 feste Eisenbahnbrücken, 2 Eisenbahn-Drehbrücken und eine Chaussee-Drehbrücke. Die feste Eisenbahnbrücke bei Grünenthal mit 156,5 m Stützweite und einer lichten Durchfahrtshöhe von 42 m ist bereits im Betriebe.

Die zur Herstellung des Kanalbettes zu bewegende Erdmasse beträgt rd. 80 000 000 cbm. Davon sind bis Anfang April d. J. rd. 60 000 000 cbm gefördert. Die monatliche Durchschnittsförderung betrug im Jahre 1892 rd. 1 400 000 cbm. Die Schleusen zu Holtenau und Brunsbüttel sind zu zwei Drittel vollendet und alle übrigen Kunstbauten so gefördert, dass sie bis Ende 1894 fertig gestellt sein können.

Über Geschichte und Bedeutung des Kanals wird eine für den internationalen Ingenieur-Kongress in Chicago in Arbeit befindliche Denkschrift das Nähere enthalten.

Karlsruhe s. 2909 (1705) *S.* 236.

2857 (1652) *Karlsruher Bezirksverein deutscher Ingenieure, Karlsruhe.*

Gypsbüste Ferdinand Redtenbacher's, Kopie des im Hof der technischen Hochschule zu Karlsruhe aufgestellten Denkmals ausgeführt von Bildhauer Moest.

2858 (1653) *Kirchhoff, O., Schiffsbaumeister, Stralsund.*

2 Modelle zu Klapp-Rettungsbooten für Passagierdampfer.

Die Werft ist gegründet im Jahre 1860 und befasst sich mit dem Bau von Segelschiffen jeder Grösse für die Ost- und Nordsee und für transatlantische Fahrten. Ausserdem werden als Specialität Rettungsboote verschiedenster Konstruktion aus verzinktem Stahl oder Eisenblech gefertigt, als: Françis-Patentboote, glatte Boote und Klappboote zur Ausrüstung von Passagier-Dampfern und der an den Küsten befindlichen Rettungsstationen; ferner Dampfbarkassen und Petroleum-Motorboote.

2859 (1654) *Klönne, Aug., Dortmund.*

17 Zeichnungen und Pläne über Gaswerke, Gasapparate, Kühler, Patent-Kolonnen-Glockenwascher, Scrubber, Reiniger, Retortenöfen, sowie eines Fördergerüstes und eines Dampfkessels mit Wasserzirkulation und automatischer Kesselsteinabsonderung.

Das Geschäft ist gegründet im Jahre 1878. Im Jahre 1885 wurde das Werk der vormaligen Dortmunder Brückenbau-Aktien-Gesellschaft käuflich erworben, durch Neubauten und Anlage der besten amerikanischen, englischen und deutschen Maschinen zur grössten Vollkommenheit gebracht, so dass im Jahre 1892 allein an Eisenkonstruktionen 8 000 000 kg, darunter eine 600 Meter lange Eisenbahnbrücke über die Oder und bedeutende Lieferungen für den preussischen Staat hervorgingen.

Gebaut werden eiserne Brücken, Häuser, Schuppen, Hallen, Dachkonstructionen, Drehscheiben, Krahne, Reservoire, Dampfkessel, Fördergerüste, Gestänge, Schachtgebäude, Bühnen-Aufzüge, Transport- und Verlade-Anlagen, Separationen, Wäschen, Vorratsthürme, Gasanstalten nach Klönne's System, Patent-Retortenöfen, Gasapparate, Gasbehälter.

Beschäftigt werden 52 Beamte, etwa 400 Arbeiter in der Fabrik und 500 Arbeiter auf Montage.

Köln s. 2888 (1683) *S.* 230.

2952 (1655) *Königlich bayerisches Staatsministerium des Innern, Oberste Baubehörde,* München.

16 grössere Photographieen und 4 Aquarellen der in den letzten Jahren ausgeführten steinernen und eisernen Brücken, sowie einiger interessanter Staatsstrassenstrecken im bayerischen Hochgebirge; eine oro-hydrographische und eine ombrometrisch-hydrographische Karte des Königreiches Bayern nebst Beschreibung; das von der Obersten Baubehörde ausgearbeitete grosse Werk über den Wasserbau an den öffentlichen Flüssen in Bayern; ein Sammelwerk der in den letzten 10 Jahren ausgeführten Ingenieurarbeiten auf dem Gebiete des Strassen-, Brücken- und Wasserbaues in Bayern; ein Modell über die vom Baurat Wolf in Landshut in Anwendung gebrachten Flusskorrektionsbauten an der Isar nebst wissenschaftlicher Begründung dieser Systeme.

2954 (1656) *Königliche mechanisch-technische Versuchsanstalt und Königliche Prüfungsstation für Baumaterialien,* Berlin-Charlottenburg, Technische Hochschule.

Plan und Innenansicht der Versuchsräume und Werkstätten; mikrophotographische Aufnahmen von Eisenschliffen.

2932 (1657) *Königliche mechanisch-technische Versuchsanstalt,* Charlottenburg.

Mittheilungen aus den Königlichen technischen Versuchsanstalten.

Die drei Königlich preussischen technischen Versuchsanstalten haben die Aufgabe, amtliche Materialprüfungen auf Antrag und gegen Erhebung einer mässigen Gebühr auszuführen, sowie solche Versuche im allgemeinen und wissenschaftlichen Interesse zu bewirken; sie sollen als unparteiische Stelle bei Lieferungsstreitigkeiten entscheiden. Sie werden vom Staate zur Ausführung solcher Prüfungen benutzt, die mit wohlgeschulten Kräften und den besten Hilfsmitteln durchgeführt werden müssen. Grosse technische Vereine haben oft mit der Anstalt gemeinsam systematische Untersuchungen durchgeführt; Private lassen ihre Materialien prüfen und benutzen vielfach die amtlichen Zeugnisse zur besseren Einführung ihrer Fabrikate. Die mechanisch-technische Versuchs-Anstalt beschäftigt im Ganzen 46 Personen; sie zerfällt in drei Abteilungen unter je einem Vorsteher: 1) die mechanisch-technische Abtheilung; sie führt Festigkeitsprüfungen aus mit Metallen, Hölzern, Riemen, Seilen u. s. w.

und Wöhler'sche Dauerversuche, 2) die Abtheilung für Papierprüfung, 3) die Abtheilung für Schmierölprüfung; sie verfügt über Festigkeitsprobiermaschinen von 500 t bis herab zu 4 kg Leistung, mechanische Werkstatt und photographische Einrichtungen. Die Prüfungsstation für Baumaterialien verfügt über 6 Personen; sie führt Untersuchungen mit Steinen, Zement, Mörtel u. s. w. aus. Beide Anstalten sind mit der technischen Hochschule, die chemisch-technische Versuchs-Anstalt ist mit der Bergakademie verbunden. Alle drei Anstalten unterstehen einer Königlichen Aufsichtskommission. Ueber die wissenschaftlichen und praktisch-wertvollen Prüfungsergebnisse wird in den „Mittheilungen aus den Königlichen technischen Versuchsanstalten", Verlag Julius Springer, berichtet.

2884 (1658) *Königlich preussisches Ministerium der öffentlichen Arbeiten, Berlin.*

Von der Kgl. preussischen Staats-Eisenbahnverwaltung sind ausgestellt: Schaubilder von Eisenbahnanlagen, Drehgestelle mit Photographieen, Modelle von Gebäuden und eisernen Brücken, verschiedene Gleisanordnungen, 1 dreifach gekuppelte Verbund - Güterzuglokomotive mit Tender von Schichau in Elbing; 1 dreifach gekuppelte Tenderlokomotive mit 5 t Raddruck von Henschel & Sohn in Kassel; 1 dreiachsiger Kupeewagen I. und II. Klasse mit Lenkachsen von der Breslauer Aktien-Gesellschaft für Eisenbahnwagenbau in Breslau; 1 zweiachsiger Plattformwagen mit Lenkachsen für 15 t Ladegewicht von van der Zypen & Charlier in Köln-Deutz; 1 zweiachsiger Kohlenwagen mit eisernem Kasten für 15 t Ladegewicht von derselben Firma; 1 vierachsiger Personenwagen I. Klasse der Nebenbahn Wiesbaden-Langenschwalbach von derselben Firma; 1 zweiachsiges Drehgestell eines vierachsigen Personenwagens und Einzeltheile eines zweiten Drehgestelles von Friedr. Krupp in Essen; 11 Zeichnungen von Lokomotiven, Personen- und Güterwagen.

Von der Wasserbauverwaltung sind ausgestellt: Modelle, Pläne, Zeichnungen, Photographieen und Druckwerke aus dem Gebiete der preussischen Wasserbauverwaltung (Flussregulirungen und -Kanalisirungen, Schiffahrtskanäle, Hafenanlagen, Küstenbeleuchtung, Wasserbauwerke).

2883 (1659) *Königlich sächsisches Finanzministerium, Dresden.*

3 Modelle von Theilen der Elbbrücke zu Blasewitz; Zeich-

nungen und Photographieen dieser Brücke; Reliefkarten von Theilen des Königreiches Sachsen; Zeichnung der Elbbrücke bei Reisen und des Viadukts über die Mulde bei Göhren; Graphikon des Güterverkehrs der sächsischen Staatseisenbahnen; Plan des Rangirbahnhofes in Dresden; Plan einer Hafenanlage bei Dresden; Karte des Königreiches Sachsen mit Darstellung der Verkehrswege.

2860 (1660) *Körting, Gebrüder, Körtingsdorf bei Hannover.*
Pläne der Heizung und sonstigen inneren Einrichtung des Wiesbadener Bade-Etablissements, der Heizungs- und Lüftungsanlage des neuen Krankenhauses in Hannover, des Kaiserlichen Regierungsgebäudes in Tokio (Japan), einer Dampfmaschine mit Körting's Universal-Strahlkondensator nebst Rückkühlung durch Streudüsen, einer Strahl-Kondensatoranlage auf dem Kgl. Bayerischen Bodensee-Dampfer „Rupprecht", einer Kraftgasanlage mit Regenerativ-System nebst Gasmotor, einer Gasdynamomaschine; Modellschnitt eines Universal-Strahlkondensators, eines Universal-Injektors, eines Sicherheits-Injektors, einiger Patent-Streudüsen; Modelle von Nischen-Rippenheizkörpern.

Das Geschäft ist gegründet 1871. Die augenblickliche Anzahl der Beamten beträgt 200, die der Arbeiter 1400. Zweiggeschäfte bestehen in Berlin, Bremen, Breslau, Hamburg, Frankfurt a/M., Chemnitz, München, Dortmund, Strassburg, Köln, London, Paris, Brüssel, Amsterdam, Petersburg, Mailand, Barcelona, Wien. Fabriken in Körtingsdorf, Wien, Sestri Ponente bei Genua. Arbeiter-Ansiedelung in Körtingsdorf.

Die Fabrik fertigt Strahlapparate, wie Dampfstrahlpumpen, Universal-Injektoren, Strahlgebläse aller Art, Luftsauge- und Luftdruckapparate, Rührgebläse, Wasserstrahlpumpen, Strahlkondensatoren, Dampf- und Wasserstrahl-Feuerspritzen, Zerstäuber, kolbenlose Dampfpumpen, (Pulsometer, Aquapulte), Schwimmerpumpen; Armaturen, Hähne, Ventile, Kondenstöpfe u. s. w.; Gasmotoren, Kraftgasanlagen, Gasdynamos, Dynamos und Elektromotoren; Heizungs- und Lüftungsanlagen, Bade- und Schwimmanstalten, Trockenanlagen, Entnebelungen nach eigenen Systemen und Patenten.

2861 (1661) *Kümmel, W., Direktor der Altonaer Gas- und Wassergesellschaft, Civil-Ingenieur, Hamburg.*
Zeichnungen der Altonaer Wasserwerke u. Guayaquil-Gaswerke.

Seit 1861 selbständig thätig, insbesondere für den Entwurf und die Ausführung von Gas- und Wasserwerken und Entwässerungsanlagen für Städte. Thätigkeit vorwiegend in Deutschland, aber auch in anderen europäischen. und überseeischen Ländern.

Leipzig s. 2887 (1688) *S. 232.*

*(1668) **Lipsius & Tischer**, Kiel.*

Arenhold, L., Historische Entwickelung der Schiffstypen. — Busley, Carl, Die Schiffsmaschine, ihre Bauart, Wirkungsweise und Bedienung, 2. Auflage und 3. Auflage 1. Abtheilung; The Marine Steam Engine 1. Abtheilung; Die neueren Schnelldampfer der Handels- und Kriegsmarine, 2. und 3. Aufl. — Hüllen, A. van, Leitfaden für den Unterricht im Schiffbau an den Lehranstalten der Kaiserlich Deutschen Marine.

*2866 (1664) **Lübecker Maschinenbau-Gesellschaft**, Lübeck.*

Flachmodelle, Photographieen und Zeichnungen von Exkavatoren.

Die Fabrik, an der schiffbaren Trave belegen, wurde 1842 gegründet und 1872 in eine Aktiengesellschaft umgewandelt; sie beschäftigt sich hauptsächlich mit dem Bau von Dampfbaggern für See- und Flussbaggerung jeder Art und Grösse, Spülbaggern mit schwimmenden und freischwebenden Röhren, Elevatoren zum Entleeren gefüllter Baggerprähme, Exkavatoren für Massenförderung beim Kanalbau oder im Kohlenbergbau für Abraumbeseitigung, Schiffsmaschinen, Dampfmaschinen für Fabrikzwecke und Dampfkesseln jeder Art. Beschäftigt werden etwa 400 Arbeiter.

*2867 (1665) **Lürmann, Fritz, W.**, Hütteningenieur, Osnabrück.*

Lageplan der Hochofenanlage der rheinischen Stahlwerke; Lageplan der Hochofenanlage der Rombacher Hüttenwerke und der Vorratsräume der Hochofenanlagen in Rombach, Ruhrort und Aplerbeck; Lageplan einer Glashütte mit Wannen nach Lürmann.

Das technische Bureau besteht seit 1873 und übernimmt Begutachtung und Berechnung des Werthes und der Ertragfähigkeit von Berg- und Hüttenwerken, sowie Glashütten; Vertrieb von Patenten; Lieferung von Arbeitszeichnungen für den Bau aller Theile von Hüttenwerken, Hoch ofenanlagen, Winderhitzern; Anlagen zur Herstellung von Mauersteinen aus Hochofenschlacke; Glasschmelzöfen, Holzdestillationsanlagen, Einrichtungen zur Verbrennung kalter Gase, Kupolöfen.Semet-Solvay-Koksöfen u. s.w

2865 (1666) *G. Luther, Maschinenfabrik, Braunschweig.*
Zeichnerische, photographische und plastische Darstellungen der Felsbeseitigungsarbeiten an der unteren Donau (Eisernes Thor); Steinproben; Darstellung von Hafen - Anlagen und Ausrüstungen, Speicher-Einrichtungen u. s. w. speciell: Projekt der Umgestaltung des Hafens von Odessa; die Silospeicher-Anlagen von Galatz und Braila (Rumänien); hydraulische Betriebseinrichtung des Hafens von La Plata (Ensenada); Drucksachen über die genannten Anlagen.

Die Fabrik von G. Luther wurde im Jahre 1842 von Gottlieb Luther gegründet und im Jahre 1888 in eine Commanditgesellschaft umgewandelt, deren persönlich haftende Gesellschafter die Herren Hugo Luther und Albert Lemmer sind.

Die Fabrik beschäftigt 500 Arbeiter und betreibt den Bau von Getreide-, Oel- und anderen Mühlen, Reisschälereien, Frucht- und Warenspeichern, hydraulischen Maschinen, wie Krahnen, Elevatoren, Dreh- und Hebebrücken, Spills, wie überhaupt hydraulischen Zentralanlagen; ferner von Zementfabriken, Dampfmaschinen, Turbinen (Ausstellung in der Abtheilung für den deutschen Maschinenbau).

Weitere Specialitäten der Fabrik sind: Die Anlage von Häfen (ausgeführt wurden u. a. die hydraulische Zentralstation des Freihafens Bremen, des neuen Lübecker Hafens und die hydraulischen Ladekrahne dazu, ein Theil der hydraulischen Maschinen für den Hamburger Freihafen, die vollständige maschinelle Einrichtung des Hafens La Plata); der Bau und die maschinelle Einrichtung von Silos und Bodenspeichern (Getreidespeicher mit automatischer maschineller Entlade- und Transporteinrichtung zu Köln, Mannheim, Ludwigshafen, Frankfurt a./M., Worms, Antwerpen, Odessa, Braila, Galatz u. s. w.); alle Vorrichtungen zum Ein-, Aus- und Umladen der Schiffe, Eisenbahnwaggons und Lastfuhrwerke; schwimmende fahrbare und stehende Elevatoren, Transporteure u. s. w.; maschinelle Einrichtungen für Felsbeseitigung unter Wasser. (Die Arbeiten zur Regulirung der unteren Donau am Eisernen Thor werden zur Zeit ausgeführt. Eine grosse Anzahl von Specialmaschinen dazu, den besonderen vörliegenden Verhältnissen angepasst, wurden in der Fabrik konstruirt und ausgeführt.)

2868 (1668) *Magistrat der Stadt Altona*.
6 Blatt Zeichnungen über die Maschinen- und Filteranlagen des Altonaer Wasserwerkes.

2869 (1669) *Magistrat der Reichshauptstadt Berlin.*
Pläne und Buch über die Irrenanstalten in Dalldorf und Herzberge bei Berlin; Pläne der Pflegeanstalt für Epileptische in Wuhlgarten bei Berlin; Pläne und Lichtdrucke des Krankenhauses am Urban in Berlin; Pläne der Volksbadeanstalt Thurmstrasse; Plan und Buch des Vieh- und Schlachthofes; Pläne der Centralmarkthalle und der Markthallen VII und X; Modell der Spreeregulierung am Mühlendamm und der Friedrichsbrücke; Modelle von Strassenquerschnitten; Lichtdrucke der Kaiser Wilhelmbrücke, Moltkebrücke, des Schlüterstegs, der Herkulesbrücke; Pläne und Photographieen des Wasserwerks am Müggelsee; Buch mit Atlas über die Kanalisation von Berlin; Pläne der Rieselfelder der Stadt Berlin; Plan über die Lage der Kanalisationsleitung und Pläne der Gasanstalt Schmargendorf bei Berlin.

2870 (1670) *Magistrat der Stadt Frankfurt a. M.*
Zeichnungen und Modelle der Kanalisation mit Einzelheiten über Schwemmspülung, Ventilation, Hausentwässerung und Dückerkonstruktion; der Bauanlagen zur Klärung und Reinigung der Sielwasser nebst Einzelheiten über den maschinellen Betrieb für Zubereitung und Zuleitung der Klärungschemikalien, sowie über die Pumpanlagen zur Entfernung des Schlammes aus den Klärbecken; der im Bau begriffenen Grundwasserleitung im Stadtwalde mit Einzelheiten über die Einbohrung der Rohrbrunnen, die Anlage und Zugänglichmachung des Saugrohres mittels Tunnels, die Pumpmaschinen und Dampfkesselanlage, sowie über die natürlichen Schwankungen des Grundwasserstandes.

2872 (1672) *Magistrat der Königlichen Haupt- und Residenzstadt München.*
Pläne und Modell der Kanalisation und Wasserversorgung Münchens.

2873 (1673) *Mannheimer Maschinenfabrik Mohr & Federhaff,* Mannheim.
Zeichnung eines Kaikrahns mit Blechausleger von 2500 kg Tragkraft nebst einigen Photographieen ausgeführter Dampfkrahnanlagen.

Die Fabrik besteht seit etwa 70 Jahren und beschäftigt rund 300 Arbeiter.

Die Erzeugnisse umfassen Krahne aller Art, besonders Dampfkrahne für Kais und Hüttenwerke, Laufkrahne, Handdrehkrahne; Waagen jeder Konstruktion und Tragkraft ev. mit Registrirapparat zum selbstthätigen Aufdrucken der Wiegungsresultate auf Wiegekarten; Materialprüfungsmaschinen bis 160000 kg Tragkraft ev. mit Mohrs Diagrammapparat, welcher die Veränderungen in den Prüfungsstäben und die jeweils zugehörigen Belastungen graphisch darstellt; Fahrstuhl-Aufzüge für Fabriken und Lagerhäuser; kleinere Hebezeuge jeder Art, Gebläse, Schmiedeherde, Feldschmieden.

Es wurden u. a. geliefert: Dampfkrahne für die Häfen in Mannheim Mainz-Gustavsburg, Stettin, Breslau, Köln, Magdeburg, ferner sind Dampfkrahne in Betrieb im Hafen von Buenos-Ayres (Argentinien), Para (Brasilien), Fiume (Österreich-Ungarn) u. s. w.

2874 (1674) *Maschinenbau-Aktien-Gesellschaft Nürnberg, vorm. Klett & Co., Nürnberg, mit Filialwerk für Brückenbau in Gustavsburg bei Mainz.*

Übersichtszeichnungen des von dem Nürnberger Werk im Jahre 1890 gebauten Hofzuges für S. M. den König von Italien; Album ausgeführter Eisenkonstruktionen.

Gründungsjahr 1837. Arbeiterzahl 3000. Gesammt-Jahresumsatz 10 Millionen Mark. Die Fabrik liefert Eisenbahnwaggons aller Art, Pferdebahnwagen, Militärfahrzeuge (jährliche Leistungsfähigkeit 3000—4000 Lastwagen, 600—700 Personenwagen). Dampfmaschinen und Dampfkessel, vollständige Fabrikeinrichtungen, Wasserwerksanlagen für Städte, Eis- und Kältemaschinen, Zentralheizungen, Gasmotoren, Materialprüfungsmaschinen, Bahnhofsausrüstungen (Jahresumsatz rd. 2½ Millionen Mark). Kunstguss, Handelsguss, Bauguss (Jahresleistung 5000 Tonnen Gusswaaren). Eiserne Brücken und Viadukte, Hallen, Dächer, Fabrikbauten, Leuchtthürme, pneumatische Fundirungen (Jahresleistung 8000 t).

2877 (1675) *Maschinenfabrik Geislingen, Geislingen.*

Zeichnungen einer Roggen- und Gerstenmühle, einer Kunstmühle für Weizenhochmüllerei, einer Portlandzementfabrik für 1000 PS und einer Turbinenanlage für 1300 PS.

Die Fabrik besteht seit 1857 und beschäftigt rd. 300 Arbeiter. Sie befasst sich namentlich mit der Herstellung von Einrichtungen für Mahlmühlen und Zementfabriken, ferner von Turbinen, Wasserrädern und Transmissionen; neuerdings hat sie auch die Fabrikation von Maschinen für Erzaufbereitungsanlagen aufgenommen, so die des Goldbergbau Muszári in Brád bei Déva, Siebenbürgen.

2878 (1676) Menck & Hambrock, Maschinenfabrik, Altona-Hamburg.

2 Zeichnungen der Baumaschinen für den Bau der Hafenmole von Santos in Brasilien.

Das Geschäft besteht seit 1868, baute Anfang der 70er Jahre besonders Dampfmotoren mit stehenden Dampfkesseln mit weiten Querröhren und ganz geschweisster Feuerbüchse; später auch liegende Kessel, Lokomobilen mit ausziehbaren Kesseln, Rammen, Kreissägen zum Absägen der Pfähle unter Wasser, Bagger, Dampfkrahne, Winden, sowie sämmtliche Hebewerke für das Baugewerbe und den Hafenverkehr; ferner Pumpenmaschinen für Gase und Flüssigkeiten, namentlich Luftkompressoren für den Bergwerksbetrieb. Die Arbeiterzahl beträgt rd. 300.

2879 (1677) Metallwerke vorm. J. Aders, Aktien-Gesellschaft, Magdeburg-Neustadt.

1 kupfernes Modell von einem Destillations- resp. Rektifikationsapparat und Abschnitte von Kupfer- und Messingröhren.

Das Werk wurde im Jahre 1844 durch J. Aders als Kupferschmiede und Apparatenbauanstalt für Verdampfapparate und Vacua für Zuckerfabriken und für Brennereianlagen gegründet. Es betreibt diese Branchen noch heute vorzugsweise, hat aber die Betriebsmittel der Neuzeit angepasst, um den mannigfachen Anforderungen der chemischen Gewerbe entsprechen zu können, und liefert nun auch Destillirapparate für die Derivate des Steinkohlentheers, Wärmepfannen, Schmelzpfannen, Scheidepfannen, patentirte Trockenapparate für Tafelsalz u. s. w. Besondere Werkstätten beschäftigen sich mit der Fabrikation von Metallarmaturen aller Art in Eisen, Messing, Bronze sowie Phosphorbronze. An den Apparatenbau anschliessend ist eine Anlage eingerichtet für Fabrikation von Messing-, Kupfer- und Hartkupfer-Röhren ohne Naht.

Im Jahre 1884 gingen die Werke in den Besitz einer Aktien-Gesellschaft über, welche durch Neuanlagen dem Werke grössere Leistungsfähigkeit und damit die Sicherheit des Erfolges gab. Das Werk beschäftigt etwa 200 Arbeiter.

2881 (1678) Meyer, Rud., Otto, Fabrik für Heizung und Lüftung, Hamburg.

Heizungs- und Lüftungs-Anlagen im Rathhausbau Hamburg, der Kaiser Wilhelm Gedächtniskirche und dem Kaiser und Kaiserin Friedrich Krankenhaus zu Berlin, dem Gesellschaftshaus „Museum" zu Bremen, der Schule auf Drgefjeldet, Bergen (Norwegen) und der Neuen allgemeinen Krankenanstalt in Eppendorf bei Hamburg.

Fabrikinhaber Rudolph Otto Meyer und Jos. Strebel. Zweiggeschäfte in Berlin und Bremen. Gründung des Geschäftes 1858 auf der Peute bei Hamburg. Übersiedelung in die neue Fabrik nach Hamburg-Eilbek im Jahr 1883. Die durchschnittliche Beamten- und Arbeiterzahl beträgt 146 Personen.

Die Erzeugnisse der Fabrik umfassen das gesammte Gebiet der Zentralheizungs- und Ventilations-Technik mit Einschluss der Einrichtung von Dampfküchen, Volksspeiseanstalten, Waschanstalten, Bädern, insbesondere Brause- und Volksbädern, Desinfektoren, Sterilisatoren, Trocknungsanlagen. Jährlich werden etwa 160 Anlagen ausgeführt mit einem Lieferungswerth von etwa 1 Million Mark.

2822 (1679) *Miller, Oscar v., Civil-Ingenieur und Unternehmer elektrischer Anlagen, München.*

Pläne und Photographieen der Elektricitätswerke Cassel, Heilbronn und Fürstenfeldbruck.

Das von O. von Miller im Jahre 1890 gegründete elektrotechnische Büreau übernimmt die Projektirung und Ausführung elektrischer Zentralstationen, elektrischer Bahnen und sonstiger elektrischer Anlagen für Beleuchtung und Kraftübertragung. Ausser den vorstehenden Zentralstationen wurden auch eine grössere Anzahl isolirter Anlagen, wie die Beleuchtung der Irrenheilanstalt Marburg, eine elektrische Schweisseinrichtung in Schwelm u. s. w. in General-Entreprise erbaut, während Herr v. Miller mit 21 Ingenieuren seines Büreaus für eine Anzahl anderer Städte, wie Metz, Lüttich, Konstanz, Frankfurt a. M., Strassburg, Stuttgart, Wildbad, Bozen, Meran, Heidelberg, Wiesbaden, München, Nürnberg, Hermannstadt, Lemberg, Warschau u. s. w., die Projekte für Elektrizitätswerke als berater Ingenieur ausführte.

2955 (1680) *Ministerium für Elsass - Lothringen, Strassburg i. Elsass.*

Reliefmodell aus Kork, den 1 100 000 cbm fassenden Ahlfelder Stauweiher bei Sewen in den Vogesen nebst Umgebung darstellend.

München s. 2872 (1672) *S.* 226.

2956 (1681) *Naglo, Gebrüder, Berlin SO., Waldemarstrasse 44.*

Zeichnungen von ausgeführten elektrischen Licht-Zentralen des städtischen Krankenhauses am Urban in Berlin, der Provinzial-Irrenanstalt Kortun und der Zentrale Königsberg.

Das Geschäft besteht seit 1872 und beschäftigt 200 Arbeiter und 27 Beamte. Betriebskraft 2 Dampfmaschinen von 60 und 20 PS. Specialitäten: Dynamo-elektrische Maschinen und Elektromotoren, Bogenlampen, Schalt- und Mess - Apparate, unterirdische Lichtleitungen, Morse - Telegraphenapparate, Feuertelegraphen, Telephonapparate, Signalapparate und Läutewerke. Ausgeführte Gross-Anlagen ausser etwa 600 Einzelanlagen: Stadt-Zentrale Königsberg i. Pr., Stadt-Zentrale Blankenburg a. H., Block-Zentrale Urban-Berlin, Block-Zentrale Lichtenberg-Berlin mit 3000 Lampen, Block-Zentrale Winckler'sche Häuser Berlin, Geschäftshaus Deutscher Offizier-Verein, Berlin, Kraft- und Licht-Station Sternfeld bei Spandau mit 400 Lampen und 80 Elektromotoren. Ferner nahe der Vollendung: Beleuchtungs-Anlage der Königlichen Eisenbahn-Hauptwerkstätte Oberhausen mit 400 Glühlampen und 36 Bogenlampen, Beleuchtungsanlage von rd 150 PS. im Savoy-Hotel, Berlin mit 2000 Glühlampen und 46 Bogenlampen.

2886 (1682) *Neukirch, Fr., Civil-Ingenieur und Maschinen - Inspektor des Germanischen Lloyd, Bremen.*

Zeichnungen: Kohlenschüttkrahn, feststehender Speicherkrahn, fahrbarer Hafenkrahn, Schöpfwerk, Zentrifugalpumpe, Fundirung unter Wasser, Luftkompressor, 4 Photographieen von Krahnen; 1 Krahnmodell.

Das 1876 eröffnete Bureau hat bearbeitet und zur Ausführung gebracht: Vollständige maschinelle Einrichtungen in den Hafenanlagen zu Bremen mit Hebezeugen von zusammen 250000 kg Tragfähigkeit; Ent- und Bewässerungsanlagen mit Pumpen eigenen Systems, Gesammtleistung ca. 2500 cbm in der Minute; Einrichtung des Salpeterwerkes „Oficina Rosaria de Huara" in Chile; Fundirungsverfahren Patent Neukirch; gewerbliche und Fabrikanlagen.

2888 (1683) *Oberbürgermeisterei der Stadt Köln.*

Zeichnungen betr. die Domfreilegung, öffentliche Plätze, Kanalisation von Köln und den Vororten, Hafenbau, Rheinstrom, Rheinau, Dreh- und Landungsbrücke; Zeichnungen der Stadterweiterung; Pläne über Strassendurchbrüche und Verkoppelung von Grundstücken; Zeichnungen betr. den städtischen Hochbau, Gürzenich, Hauptfeuerwache, Schlacht- und Viehhof, Schulen; Zeichnungen des Elektricitäts- und des Wasserwerks.

* 2933 (1684) *Oldenbourg, R., München.*

Journal für Gasbeleuchtung und Wasserversorgung; Gesundheits-Ingenieur. — Bauschinger, Elemente der graphischen

Statik. — Schilling, Handbuch der Steinkohlengasbeleuchtung. — Karmarsch, Geschichte der Technologie. — Schwarz, Eis- und Kühlmaschinen. — Schröter, Untersuchungen an Kältemaschinen. — Uppenborn, Elektrotechnische Maasssysteme.

2891 (1685) *Otto, Dr. C. & Co., Dahlhausen a. d. Ruhr, Westfalen. Vertreter: Kniffler Mfg. Co., Cleveland, O., 50 Euclid Avenue und Henry A. Wasmuth M. E. Philadelphia, Pa., 867 North 40th. Street.*

Zeichnungen Otto Hoffmann'scher Koksöfen mit Gewinnung von Theer, Ammoniak und Benzol; Proben der einzelnen Produkte.

Die Fabrik feuerfester Steine beschäftigt sich mit der vollständigen Fertigstellung von Koksöfen mit und ohne Gewinnung der Nebenprodukte nach ihren bewährten Patenten. Die Firma erbaute in Deutschland seit 1881 1205 Koksöfen mit Gewinnung der Nebenprodukte und seit 1876 3733 Koksöfen ohne Gewinnung der Nebenprodukte, ausserdem wurden in Deutschland und Österreich seit 1881 noch 350 Koksöfen mit Gewinnung der Nebenprodukte nach ihren Patenten hergestellt.

2934 (1686) *Pohlig, J., Ingenieur, alleiniger Konzessionär für den Bau Otto'scher Drahtseilbahnen, Köln a. Rhein.*

Detaillierte Zeichnungen und ausführliche Listen über ausgeführte grössere Otto'sche Drahtseilbahnen. (Eine betriebsfähige Otto'sche Drahtseilbahn mit 3 Wagen verschiedener Konstruktion und Photographieen von verschiedenen ausgeführten Otto'schen Drahtseilbahnen befinden sich unter Gruppe 81, Strassenbahnen).

Seit 1873 wurden in Europa, Asien, Afrika, Amerika mehr als 500 Otto'sche Drahtseilbahnen ausgeführt in verschiedenen Längen bis zu 15 Kilometer und für Förderungen bis zu 1000 t per Arbeitstag (10 Stunden). Im letzten Jahre waren in Ausführung: 33 Bahnen von zusammen rd. 65 000 Meter Länge. Die Firma beschäftigt 27 Ingenieure und Techniker und 7 kaufmännische Beamte, 80 bis 90 Arbeiter ohne die Monteure, deren Anzahl meist 10 bis 15 beträgt. Seit 1886 besteht eine Filiale in Brüssel.

***2935** (1687) *Polytechnische Buchhandlung A. Seydel, Berlin W.*

Schmidt, A., Die Stabilität von Schiffen.

2887 (1688) *Rath der Stadt Leipzig.*
Zeichnungen des Vieh- und Schlachthofes, der Markthalle. In Verbindung damit hat Herr Wasserwerksbaurat Thiem 5 Blatt Zeichnungen des Wasserwerkes der Stadt Leipzig ausgestellt.

*2936 (1689) *Redaktion des Archivs f. Eisenbahnwesen, Berlin.*
Archiv für Eisenbahnwesen. Jahrgang 1878 bis einschl. 1892.

*2937 (1690) *Verein deutscher Eisenhüttenleute, Düsseldorf.*
12 Jahrgänge der Zeitschrift „Stahl und Eisen", Verleger August Bagel, Düsseldorf.

*(1693) *Sächsischer Ingenieur- und Architektenverein, Dresden.*
Vereinsorgan „Der Civil-Ingenieur."

2898 (1694) *Schaar, Georg F., Civilingenieur,* Altona *(Holstein).*
Pläne der neuen städtischen Gasanstalt zu Harburg a. Elbe für 18 000 cbm tägliche Leistung.

Seit 22 Jahren im Gasfach thätig, begründete Schaar vor 12 Jahren sein technisches Bureau speciell für das Gasfach, führte grössere Neu- und Umbauten von Gaswerken in Eutin, Pinneberg, Husum, Oldesloe, Wandsbek, Wiborg, Celle, Hameln, Stade, Lauenburg, Harburg, Memel, Schleswig, Uetersen, Sangerhausen u. s. w. aus, projektirte Gaswerke für Düsseldorf, Cassel, Altona u. s. w. und ist vielfach mit gastechnischen Gutachten für städtische Behörden beauftragt; Verfasser des seit 16 Jahren erscheinenden Taschenbuches: „Kalender für Gas- und Wasserfachtechniker."

2899 (1695) *Schaefer, Josef, i. F. Johann Schaefer Söhne, Crefeld.*
Zeichnung eines Schiffselevators für Kies, Kohlen und stückförmige Körper.

Die Maschinenfabrik wurde 1883 erbaut und fertigt mit 97 Werkzeugmaschinen stationäre und Schiffsmaschinen nach dem Kompound- und Dreifach-Expansions-System bis 500 PS sowie Bierbrauerei- und Malzfabrikeinrichtungen jeder Grösse (ausgeführt bis 80 000 hl Jahresproduktion); ferner Schiffselevatoren zur Förderung von Erde, Kies. Kohle für Fluss-, Hafen- und Kanalbauten.

1891/92 wurden abgeliefert: 13 Dampfmaschinen mit zusammen 600 PS., 6 Brauerei-Anlagen mit zusammen 215000 hl Jahresproduktion, 2 Schiffselevatoren für 3000 t tägliche Förderung, 168 Arbeitsmaschinen (Pumpen, Krahne, Aufzugmaschinen, Riemenweichen).

2900 (1696) *Schimmel, Oskar & Co., Maschinenfabrik, Chemnitz in Sachsen.*

Pläne und Photographieen der Musterdesinfectionsanstalt in Berlin. Plan einer ausgeführten Dampfwaschanstalt in Batavia.

Die Fabrik ist gegründet im Jahre 1861. Arbeiterzahl 500; Specialität: Einrichtungen von Dampfwasch- und Dampfdesinfectionsanstalten für Krankenhäuser, Lazarethe, Irren- und Siechenanstalten, Garnisonen, Gefängnisse, Hotels, städtische Institute, Quarantäneanstalten, Bäder- und Privatzwecke; Spinnereimaschinen für Streichgarn, Baumwoll- und Baumwollabfallgarn, Vigogne, Kammgarn, Mungo- und Shoddygarn u. s. w.

Die Fabrik besitzt über 300 Hilfsmaschinen und liefert jährlich gegen 700 Maschinen. Bisherige Lieferung: 13 000 Spinnerei-Maschinen, 300 Wäschereimaschinen und 200 Desinfectionsapparate.

2901 (1697) *Schmelzer, L., Civil-Ingenieur, Magdeburg.*

Zeichnung eines Ringofens mit patentirter Trockeneinrichtung und Maschinenanlage für eine Dampfziegelei.

Baut seit 1861 als Specialität: Maschinen für Ziegeleien, und zwar insbesondere liegende Strangpressen, Walzwerke, Thonschneider, Bewässerungsapparate, Falzziegelpressen, Aufzüge für Thon, Elevatoren für Thon und fertige Mauerziegel, Bremsfahrstühle mit patentirter Luftbremse.

2902 (1698) *Schmidt, F. H., Baugeschäft, Hamburg-Altona.*

Zeichnungen der Hafenbauten in Cuxhaven, Kamerun und am Altonaer Kai, sowie Zeichnungen und Modelle von eisernen Spundwänden nach eigenem, patentiertem System.

Die Firma wurde im Jahre 1845 gegründet und beschäftigt jetzt in ihrer Fabrik in Altona, auf ihrer Ziegelei auf Wilhelmsburg und auf ihren verschiedenen Baustellen 800 bis 1000 Arbeiter, darunter in den deutschafrikanischen Kolonieen oft mehrere Hundert Schwarze. Sie befasst sich besonders mit Hafen- und Uferbauten, wobei in vielen Fällen ihre patentirten eisernen Spundwände Verwendung finden; ferner auch mit dem Exportbau in Eisen, Holz und Stein. Diese Bauten werden entweder in ihrer Fabrik bis zur Montage fertig gestellt, oder die

Firma übernimmt auch die Ausführung und Montage solcher Exportgebäude an Ort und Stelle. Ebenso übernimmt die Firma auch die Ausführung von Landungsbrücken, maschinell eingerichteten Schiffsreparaturwerkstätten, Piers und Kaianlagen, Patentslips, Baggermaschinen, Prähmen u. s. w. Die Herstellung von Bauten, Konstruktionen und maschinellen Einrichtungen aller Art erfolgt in eigenen Betriebswerkstätten. Diese umfassen: Eisenkonstruktionsanstalt, Schlosserei, Klempnerei, Maschinenfabrik, Dampfsägerei und Holzbearbeitungs- sowie Parkettfussbodenfabrik, Bau- und Möbeltischlerei und Zimmer- und Maurerbetrieb sowie Dampfziegelei.

*(1699) *Schmorl & v. Seefeld Nachf., Hannover.*

Grove, Otto, Formeln, Tabellen, Skizzen für das Entwerfen einfacher Maschinentheile.

2904 (1700) *Schuckert & Co., Kommanditgesellschaft, Nürnberg, Vertr. F. W. Tischendörfer.*

Zeichnungen der von dieser Firma ausgeführten städtischen Elektricitätswerke in Aachen, Christiania, Altona und Düsseldorf.

Das Etablissement von Schuckert & Co., Kommanditgesellschaft in Nürnberg, ist aus der im Jahre 1873 von Siegmund Schuckert begründeten kleinen Werkstätte hervorgegangen. Gegenwärtig beträgt die Anzahl der in Nürnberg beschäftigten Arbeiter ca. 1000, der kaufmännischen und technischen Beamten 200, der Monteure ca. 200. Die Firma befasst sich in der Hauptsache mit Errichtung von elektrischen Anlagen für Licht- und Krafterzeugnisse jeder Art und mit der Fabrikation der für den elektrischen Theil solcher Anlagen erforderlichen Dynamomaschinen, Bogenlampen und aller sonstigen Apparate. Unter den ausgeführten Zentralen sind die folgenden grösseren zu nennen:

Lübeck, städtische Zentrale für eine Leistung von 8 000 Glühlampen
Hamburg, Freihafen-Zentrale „ „ „ „ 5 000 „
Bremen, Freihafen-Zentrale „ „ „ „ 4 000 „
Barmen, städtische Zentrale „ „ „ „ 8 000 „
Hamburg, städtische Zentrale „ „ „ „ 16 000 „
Hannover, städtische Zentrale „ „ „ „ 25 000 „
Düsseldorf, städtische Zentrale „ „ „ „ 30 000 „
Altona, städtische Zentrale „ „ „ „ 10 000 „
Aachen, städtische Zentrale „ „ „ „ 15 000 „
Christiania, städt. Zentrale „ „ „ „ 12 000 „
Neapel, Zentrale Chiaia „ „ „ „ 4 000 „

Dazu kommen die im Bau begriffenen Zentralen in Hamburg, Städtische Zentrale, mit 160 000 Glühlampen, Zwickau i. S. mit 5000 Glühlampen nebst einer elektrischen Bahn mit 12 Wagen. Ausserdem beschäftigt sich die Firma mit Herstellung von Einrichtungen für Galvanoplastik und Elektrolyse, für elektrischen Antrieb von Werkzeugmaschinen, Krahnen, Schiebebühnen, Bergwerksmaschinen u. s. w., mit dem Bau elektrischer Eisenbahnen, Grubenlokomotiven, Strassenbahnen, mit Anfertigung von elektrischen Apparaten, insbesondere Strommessern, Spannungsmessern, Verbrauchsmessern, Maschinentelegraphen, Ferntachometern, Ruderanzeigern, Steuertelegraphen und mit Fabrikation von Scheinwerfern mit Glasparabolspiegeln und Horizontal-Bogenlampen.

* (1701) *Schulze, R., Ingenieur und Lehrer an der technischen Hochschule Duisburg.*

Richard Schulze, Grundlagen für das Veranschlagen der Löhne bei der Bearbeitung der Maschinentheile.

2830 (1702) *Senat der freien Hansestadt Bremen.*

4 Zeichnungen der Korrektion der Unterweser nebst Aussenweser. (Es ist darin der Zustand der Weser im Jahre 1887 vor der Korrektion und derjenige im Jahre 1892 angegeben, um die Aenderungen zu zeigen, welche die Weser durch die Ausführung der Korrektion erfahren hat), 4 Blatt des Freihafens in Bremen und 1 Blatt der Hafenanlage in Bremerhaven, einschl. der in Ausführung begriffenen Erweiterung des Kaiserhafens.

* (1703) *Simion, Leonhard, Berlin.*

10 Jahrgänge der Verhandlungen des Vereins zur Beförderung des Gewerbfleisses.

* 2941 (1704) *Springer, Julius, Verlagsbuchhandlung, Berlin N., Monbijouplatz 3.*

Arnold, Ankerwicklungen. — Bach, Ventilbelastung; Elasticität und Festigkeit (I., II. 1 Band); Widerstandsfähigkeit ebener Platten.— Balling, Metallhüttenkunde.— Barkhausen, Forth-Brücke. — Beckert, Eisenhüttenkunde. — Beringer, Kritische Vergleichung der elektrischen Kraftübertragung. — Blankenstein und Lindemann, Schlachthof zu Berlin. — Brauer und Slaby, Leistung und Brennmaterialienverbrauch von Kleinmotoren.— Busley, Entwickelung der Schiffsmaschine (I., II., III. Auflage). — Corsepius, Untersuchungen zur Konstruktion magnetischer Maschinen; Leitfaden zur Konstruktion von Dynamomaschinen. — Ernst, Ausrückbare Kupplungen für Wellen- und Räderwerke. — Festschrift für die Versammlung deutscher Städteverwaltungen, Frankfurt a. M. 1892. — Fortschritte der Elektrotechnik (I., II., III., IV.). — Fritsche, Gleichstrom - Dynamomaschine. — Frölich, Handbuch der Elektricität und des Magnetismus; Dynamoelektrische Maschine. — Grawinkel, Fernsprecheinrichtungen; Lehrbuch der Telephonie und Mikrophonie. — Hagen, Elektrische Beleuchtung. — Hartmann, Pumpen. — Haupt, Stollenanlagen. — Hoppe, Akkumulatoren. — Hrabák, Hilfsbuch für Dampfmaschinentechniker. — Kemmann, Der Verkehr Londons. — Knoke, Kraftmaschinen. — Linkenbach, Aufbereitung der Erze. — Riedler, Neuere Wasserwerksmaschinen. — Salomon und Forchheimer, Bagger- und Erdgrabemaschinen. — Schnabel, Lehrbuch der allgemeinen Hüttenkunde. — Schwartzkopff, Der eiserne Oberbau. — Serlo, Leitfaden zur Bergbaukunde (I, II). — Siemens, Wissenschaftliche und technische Arbeiten (I., II.). — Rietschel, Heizung und Lüftung. — Siemens, Wissenschaftliche technische Fragen; Wissenschaftliche technische Fragen (Neue Folge). — Troske, Die Londoner Untergrundbahnen. — Zetzsche, Handbuch (I, III, IV.). — Grawinkel und Strecker, Hilfsbuch für die Elektrotechnik. — Elektrotechnische Zeitschrift I—XIII. — Zeitschrift für Instrumentenkunde 1881—1892; Zeitschrift für Instrumentenkunde, Generalregister. — Ingenieur-Kalender für 1893, Brieftaschen-Ausgabe. — Mittheilungen aus den königlich technischen Versuchsanstalten 1883/5, 1886/7, 1888, 1889, 1890, 1891.

2909 (1705) *Stadtrath der Haupt- und Residenzstadt Karlsruhe.*
Hochbehälter der städtischen Wasserleitung von 3200 cbm Inhalt (halbkugelförmige Eisenkonstruktion auf einem 38 m hohen aufgeschütteten Hügel mit landschaftlicher Ausschmückung).

2912 (1706) *Stettiner Chamottefabrik Aktien-Gesellschaft, vorm. Didier, Stettin.*
Modell eines Retortenofens mit Generatorfeuerung, System „Hasse-Didier", für 9 Retorten zur Steinkohlen-Gasbereitung; Modell eines Retortenofens mit Halbgeneratorfeuerung, System „Hasse-Vacherot", für 6 Retorten zur Steinkohlen-Gasbereitung;

Modell eines Retortenofens mit Generatorfeuerung; System „München", für 9 Retorten zur Steinkohlen-Gasbereitung.

Die Gesellschaft ist Inhaberin nachstehender Patente für die Vereinigten Staaten von Amerika:. No. 274 829 Gas Generator Stove; No. 302 130 Gas Generating and Consuming furnace for Heating Retorts; No. 406 732 Retorts and Muffle furnace; sie besitzt Fabriken in Stettin (Ostsee), Niederlahnstein am Rhein, Bodenbach i. E. Specialität: Bau von kompleten Gasfabriken und von Retortenöfen für Steinkohlen-Gasbereitung. Lieferung aller Materialien für Glasschmelzwannen, d. h. von Wannensteinen, Lufterhitzerplatten, Generatoren, Hafenmasse, Hafenthone u. s. w.

2918 (1707) *Stettiner Maschinenbau - Aktien - Gesellschaft „Vulcan", Eisengiesserei, Kesselschmiede, Maschinenbauanstalt, Lokomotivfabrik, Schiffswerft, Eisernes Schwimmdock, Bredow bei Stettin.*
Reliefmodell der Werft und Maschinenfabrik „Vulcan"; Modell der Panzerschiffe „Brandenburg" und „Weissenburg", des Aviso „Hohenzollern", des Aviso „Comet", der Kreuzerkorvette „Irene", der Panzerkorvetten „Ting Yuen", „Chen Yuen", „Lai Yuen" und „King Yuen", der Schnelldampfer „Spree", „Havel" und „Fürst Bismarck".

Die Fabrik fertigt Lokomotiven für normale und sekundäre Eisenbahnen, Präzisions-Dampfmaschinen (System Frikart) und Dampfkessel jeder Grösse, schwere Gussstücke, Dampfbagger und Schwimmkrahne, Torpedoboote, Schiffe und Schiffsmaschinen für Kriegs- und Handelsmarinen in den grössten Abmessungen. Die Gesellschaft wurde im Jahre 1857 gegründet. Die Entstehung des Werkes reicht zurück in das Jahr 1851, in welchem Früchtenicht & Brock in kleinem Umfange eine Werft für eiserne Schiffe nebst Maschinenfabrik an gleicher Stelle errichteten. Die Anlage umfasst gegenwärtig über 18 ha. Bis heute sind über 200 Schiffe und mehr als 1300 Lokomotiven für das In- und Ausland von dem „Vulcan" erbaut worden, darunter ausser verschiedenen kleineren Kriegs- und Handelsfahrzeugen 15 grosse Kriegsschiffe für die deutsche Marine; ferner 5 grössere Kriegsschiffe für die chinesische Marine und 5 grosse Schnelldampfer bis zu 12 500 t Deplacement und 16 000 PS für die Handelsmarine. Mit Ausnahme der Walzeisenfabrikate und der schweren Wellen und sonstigen Schmiedestücke werden sämmtliche Theile von Schiff und Maschine in den eigenen Werkstätten gefertigt. Die durchschnittliche Arbeiterzahl beträgt ca. 4500 Der Wert der Fabrik beträgt über 15 000 000 M., während das Aktien-Kapital der Gesellschaft nur 8 000 000 M. gross ist.

2914 (1708) *Stuckenholz, Ludwig, Wetter a. d. Ruhr.*
4 Photographieen u. eine Zeichnung von schweren Hafenkrahnen.

Die Maschinenfabrik baut seit 25 Jahren als ausschliessliche Specialität Krahne aller Art mit Dampf-, Seil-, Wellen-, elektrischem und hydraulischem Betrieb und lieferte besonders viele Krahne von sehr grosser Tragkraft, z. B. den grossen Krahn von 150 Tonnen Tragkraft für den Hamburger Hafen.

*(1710) *Teubner, B. G., Leipzig und Dresden.*
Schell, W., Theorie der Bewegung und der Kräfte. — Kohlrausch, F., Leitfaden der praktischen Physik. — Weihrauch, Jacob F., Die Festigkeitseigenschaften und Methoden der Dimensionenberechnung von Eisen- und Stahl-Konstruktionen.

Thiem s. 2887 (1688). S. 232.

2916 (1711) *Thost, Otto, Fabrik für ausschliessliche Fabrikation von feuerbeständigen Roststäben und rauchverzehrenden Feuerungsanlagen, Zwickau in Sachsen, mit Filialen in St. Petersburg und Paris.*
Modell einer Patent Cario-Feuerung eingebaut in einen Cornwallkessel. —

Die Firma, gegründet im Jahre 1885, lieferte seit ihrem Bestehen weit über 28 Millionen kg Roststäbe nach meist patentirten Systemen und mehr als 1000 vollständig russfrei und nahezu rauchfrei brennende Feuerungsanlagen nach Patent Cario und System Thost. Es werden von der Fabrikationsfirma „von Querfurth-Thost'sche Roststabgiesserei, Schönheiderhammer i. Erzgebirge", 100 Arbeiter ausschliesslich mit der Erzeugung von Roststäben und Feuerungsanlagen beschäftigt. Die tägliche Produktion beträgt 10 000 kg. Die Firma ist u. a. Lieferant des gesammten Jahresbedarfs für viele Staats- und Privat-Eisenbahnen, Dampfschiffahrts-Gesellschaften und Wiederverkaufs-Firmen.

*2943 (1712) *Verband der Dampfkessel-Überwachungs-Vereine, Berlin.*
Jahrgang 1—15 der Zeitschrift des internationalen Verbandes der Dampfkessel-Überwachungs-Vereine.

*2949 (1713) *Verein deutscher Ingenieure, Berlin.*
Jahrgang 1857—1892 der Zeitschrift des Vereines deutscher Ingenieure.

*2942 (1714) *Verein zur Beförderung des Gewerbfleisses, Breslau.*
Schmidt, A., Stabilität von Schiffen: — Kolle, Betrieb von Stellwerken.

*2944 (1715) *Vieweg & Sohn, F., Braunschweig.*
Beck, Dr. L.. Die Geschichte des Eisens. — Bolley, Handbuch der chemischen Technologie. — Clausius, R., Über den zweiten Hauptsatz der mechanischen Wärmetheorie. — Eger, Gustav, Technologisches Wörterbuch in englischer und deutscher Sprache. — Häseler, Prof. H., Der Brückenbau. — Ledebur, Prof. A., Die Verarbeitung der Metalle auf mechanischem Wege. — Percy, John, Die Metallurgie. — Reuleaux, Prof. F., Theoretische Kinematik; Der Konstrukteur. — Rühlmann, Prof. Dr. R., Handbuch der mechanischen Wärmetheorie. — Schellen, Dr. H., Die Schule der Elementar-Mechanik und Maschinenlehre; Der elektromagnetische Telegraph. — Scholl, E. F., Führer des Maschinisten. — Wedding, Dr. Herm., Handbuch der Eisenhüttenkunde. — Weisbach, Lehrbuch der Ingenieur- und Maschinentechnik. Amtlicher Bericht über die Wiener Weltausstellung i. J. 1873.

*2945 (1716) *Voigt, Bernh. Friedr., Weimar.*
Brauer, E. Die Konstruktion der Waage nach wissenschaftlichen Grundsätzen. — Exner, Dr. W. F., Werkzeuge und Maschinen zur Holzbearbeitung. — Fehland, H., Die Fabrikation des Eisen- und Stahldrahtes. — Klepsch, Der Fluss-Schiffsbau. — Ledebur, A., Handbuch der Eisen- und Stahlgiesserei. — Schrader, L., Der Fluss- und Strombau mit besonderer Berücksichtigung der Vorarbeiten.

*2946(1717)*Leopold Voss, Verlagsbuchhandlung, Leipzig.*
Einbeck, J., Theoretische Untersuchung der Konstruktionssysteme des Unterbaues von Lokomotiven. — Grashof, F. Theoretische Maschinenlehre.

**Wedding, Dr. H., Geh. Bergrath, Berlin.*
Eisenhüttenkunde.

*(1718) *Weike, Stassfurt.*
Brecht'sche Broschüren über Salzindustrie.

2921 (1719) *Werner & Pfleiderer, Cannstatt, Berlin, Wien, London, Paris.*
Modelle und Zeichnungen von Knet- und Mischmaschinen.

Die Misch- und Knetmaschinenfabrik von Werner & Pfleiderer wurde im Jahre 1878 mit ihrem Stammsitz in Cannstatt (Württemberg) und einer Niederlassung in London gegründet; seitdem kamen Filialen in Berlin, Wien und Paris hinzu. Die Gesammtzahl der Arbeiter und Beamten beträgt rd. 350. Specialität der Fabriken sind: Universal-Knet- und Misch-Maschinen, Walzwerke, Pressen, Siebmaschinen, Geräte, Universal-Dampfbacköfen u. s. w. Als Lieferanten vollständiger Anlagen für die Lebensmittel-Fabrikation und chemisch-pharmazeutische Industrie sowie Pulver-Fabrikation erfreuen sich die Werner & Pfleiderer'schen Fabriken eines guten Rufes, und stammen z. B. die Einrichtungen fast sämmtlicher deutschen und vieler ausländischen Militär-Brot- und Zwiebackfabriken aus diesen Werken.

*2947 (1720) *Wittwer, K., Stuttgart.*

Bach, C., Professor, Die Wasserräder; Versuche zur Klarstellung der Bewegung selbstthätiger Pumpenventile. — Honsell, Max, Der Bodensee und die Tieferlegung seiner Hochwasserstände. — Ingenieurverein am Polytechnikum Stuttgart, technische Mechanik. — Jordan, W., Dr. und Steppes, K., Das Deutsche Vermessungswesen. — Schlierholz, v., Hochbau der Kgl. württemb. Donau-Allgäu- und Hohenzollern-Bahn.

Worms s. 2830 (1621) S. 210.

*2948 (1721) *Zeichnungs-Kommission der „Hütte", Charlottenburg.*

Reuleaux, Prof., Sammlungen von Zeichnungen für die Hütte mit begleitendem Text. Des Ingenieurs Taschenbuch; Taschenbuch für Chemiker und Hüttenleute. (Verleger Ernst & Sohn); Praktischer Schiffsbau, Bootsbau; Skizzen der angewandten Kinematik: Berechnung der Räderübersetzungen; Kommersbuch für Studirende deutscher technischer Hochschulen.

*2938 (1722) *Redaktion der Zeitschrift für das Berg-, Hütten- und Salinenwesen, Berlin.*

15 Bände der Zeitschrift für das Berg-, Hütten- und Salinenwesen und Register über Band 1—25, Band 36—40 mit Atlasheften.

Zeman, J., Professor, Stuttgart.

Inhalt der mechanisch technischen Zeitschriften 1890—92.

Additional material from *Katalog der Deutschen Ingenieur-Ausstellung auf der Columbischen Weltausstellung in Chicago*,
ISBN 978-3-662-33521-5, is available at http://Extras.Springer.com

MIX
Papier aus verantwortungsvollen Quellen
Paper from responsible sources
FSC® C105338

If you have any concerns about our products,
you can contact us on
ProductSafety@springernature.com

In case Publisher is established outside the EU,
the EU authorized representative is:
Springer Nature Customer Service Center GmbH
Europaplatz 3, 69115 Heidelberg, Germany

Printed by Libri Plureos GmbH
in Hamburg, Germany